BestMasters

Mit „BestMasters“ zeichnet Springer die besten Masterarbeiten aus, die an renommierten Hochschulen in Deutschland, Österreich und der Schweiz entstanden sind. Die mit Höchstnote ausgezeichneten Arbeiten wurden durch Gutachter zur Veröffentlichung empfohlen und behandeln aktuelle Themen aus unterschiedlichen Fachgebieten der Naturwissenschaften, Psychologie, Technik und Wirtschaftswissenschaften.
Die Reihe wendet sich an Praktiker und Wissenschaftler gleichermaßen und soll insbesondere auch Nachwuchswissenschaftlern Orientierung geben.

Emilia Schax

Protein-Microarrays für die Wirkstoffentwicklung

Herstellung und Charakterisierung eines bakteriellen Hitzeschockproteins

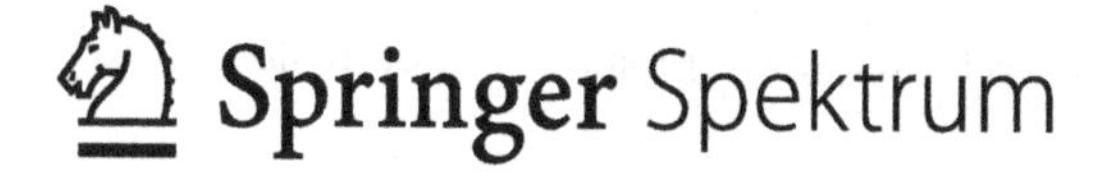

Emilia Schax
Hannover, Deutschland

Zugl.: Masterarbeit Leibniz Universität Hannover 2012

BestMasters
ISBN 978-3-658-08802-6 ISBN 978-3-658-08803-3 (eBook)
DOI 10.1007/978-3-658-08803-3

Die Deutsche Nationalbibliothek verzeichnet diese Publikation in der Deutschen Nationalbibliografie; detaillierte bibliografische Daten sind im Internet über http://dnb.d-nb.de abrufbar.

Springer Spektrum

Gedruckt auf säurefreiem und chlorfrei gebleichtem Papier

Springer Fachmedien Wiesbaden ist Teil der Fachverlagsgruppe Springer Science+Business Media
(www.springer.com)

Geleitwort

Die Protein-Mikroarraytechnologie kann bisher nicht den wissenschaftlichen und wirtschaftlichen Erfolg aufweisen wie die DNA-Arraytechnologie. Dies liegt auch daran, dass die Anwendungsfelder komplex und teilweise noch nicht verstanden sind und bisherige Verfahren nicht einfach zu ersetzen sind. Beim Hochdurchsatzwirkstoffscreening, der Hochdurchsatzsondierung bis hin zur Diagnostik kann diese Technik dennoch robuste und wirtschaftlich interessante Möglichkeiten liefern.

Dabei spielt letztendlich die Entwicklung und Umsetzung des Konzeptes der Miniaturisierung von Testverfahren eine wesentliche Rolle. Dieser Ansatz wurde von Frau Schax exzellent umgesetzt. Hier wurden Proteine, sogenannte Targets, die in der Krebstherapie wichtig sind und dabei eine Schlüsselrolle einnehmen, stabil auf Arrayoberflächen etabliert, um daran Wirkstoffe zu testen. Aufgrund des hohen Miniaturisierungsgrades können Tests kostengünstig durchgeführt werden und auf einer kleinen Fläche kann eine Vielzahl von Proben parallel untersucht werden.

Ein weiterer Aspekt ist, relevante funktionsfähige Proteine direkt zu verwenden, was gerade beim Wirkstoffscreening von erheblichem Vorteil ist. Erste vielversprechende Tests haben ergeben, dass sich daraus eine ungeahnte Bandbreite von Anwendungen erschließen lässt welche dazu dienen können, neue Wirkstoffe aufzuspüren. Die besten Wirkstoffe werden über das Testsystem herausgefiltert und lassen sich gegen unterschiedliche Targets screenen. So wurden aus einer prädiktiv evaluierten Bibliothek nicht nur geeignete Wirkstoffe gegen Krebs gescreent, sondern auch – je nach eingesetztem Target – Möglichkeiten zur Antibiotikasuche etabliert. Die Target-orientierte Wirkstoffsuche in der Arbeit von Frau Schax liefert damit wertvolle Kandidaten und somit erste Hinweise, um Wirkstoffe gegen Krebs und pathogene Mikroorganismen zu entwickeln. Die ermittelten Daten konnten mit einem hohen Z-Wert belegt werden, der die Genauigkeit des Verfahrens widerspiegelt. Die Arbeit hat insofern einen besonderen Stellenwert, als die flexible Kombination unterschiedlicher Verfahren semisynthetischer und biosynthetischer Chemie in Verbindung mit biophysikalischer und biotechnologischer Expertise zu einem Gesamtkonzept entwickelt wurde. Dies führte zu einer neuen Methode, die mittlerweile vom Screening bis hin zur Diagnostik über hierarchische Clusteranalyse reicht.

Die Autorin hat mit Ihrer Arbeit und dem tiefen Verständnis für die Komplexität des Themas einen sehr wichtigen Beitrag für die Entwicklung und Anwendbarkeit eines neuartigen Testverfahrens gezeigt und damit erfolgreiches interdisziplinäres Forschen dokumentiert.

Prof. Dr. Thomas Scheper; PD Dr. Carsten Zeilinger

Vorwort

Ich möchte mich bei Herrn Prof. Dr. Thomas Scheper herzlich bedanken, dass er mir die Möglichkeit gab, die Masterarbeit in seinem Arbeitskreis anzufertigen. Die vergangenden Monate waren für mich eine sehr lehrreiche Zeit und ermöglichten mir in einem sehr interessanten Gebiet der Life Sciences zu arbeiten.

Ein besonderer Dank gilt Frau Dr. Johanna Walter, die mich ausgezeichnet betreute. Sie war immer mein erster Ansprechpartner, wenn ich Hilfe benötigte oder Ergebnisse diskutieren wollte. Vielen Dank auch für das Korrekturlesen dieser Arbeit.

Bei Herrn PD Dr. Carsten Zeilinger möchte ich mich einerseits für die Übernahme des Koreferats bedanken und anderseits für die intensive Betreuung gerade am Anfang der Arbeit. Dank ihm durfte ich neue Techniken der Molekularbiologie und der Bioinformatik erlernen und mein vorhandenes Wissen vertiefen. Desweiteren bedanke ich mich bei ihm für das zur Verfügung stellen des humanen Hsp90α Proteins.

Herr Dr. Frank Stahl stand mir während der Masterarbeit und des gesamten Studiums immer zur Seite. Vielen Dank für die hilfreichen Gespräche. Bei Herrn Martin Pähler möchte ich mich für seine unverzichtbare Hilfsbereitschaft in allen Belangen des Institutsalltags bedanken.

Ein herzlicher Dank gilt auch dem Arbeitskreis von Prof. Dr. Andreas Kirschning, Institut für Organische Chemie, Leibniz Universität Hannover, der mir potentielle Inhibitoren für die Hitzeschockproteine zur Verfügung stellte.

Lieber Arbeitskreis, ihr seid eine tolle Gruppe und ich habe die Zeit mit euch sehr genosssen. Meinen Kommilitonen des Life Science Studiengangs danke ich für die unzähligen Gespräche, für die schöne Zeit während des Studiums und für das gegenseitige Aufmuntern, wenn es mal nicht so gut lief.

Nicht zuletzt danke ich meinen Eltern und Geschwistern für ihre Unterstützung während des gesamten Studiums.

Emilia Schax

Inhaltsverzeichnis

Abbildungsverzeichnis

Tabellenverzeichnis

Abkürzungsverzeichnis

σ^{32}	Sigmafaktor 32
σ^{24}	Sigmafaktor 24
17AAG	17-N-allylamino-17-demethoxygeldanamycin
17DMAG	17-Dimethylaminoethylamino-17-demethoxygeldanamycin
AA	Acrylamid
ad	auffüllen auf
AS	Aminosäure
ATP	Adenosin-5'-Triphosphat
BAA	Bisacrylamid
BCIP	5-Brom-4-chlor-3-indoxylphosphat
bp	Basenpaare
BSA	Rinderserumalbumin
Cy3	Carbocyanin 3
CTD	C-terminale Domäne
Da	Dalton
DEAE	Diethylaminoethylcellulose
DMF	Dimethylformamid
DMSO	Dimethylsulfoxid
DNA	Desoxyribonukleinsäure
dNTP	Desoxyribonukleosidtriphosphate
DSMZ	Deutsche Sammlung von Mikroorganismen, Zellkulturen GmbH
DTT	Dithiothreitol
E. coli	Escherichia coli
EDTA	Ethylendiamintetraessigsäure
ER	Endoplasmaisches Retikulum
et al.	und andere
FITC	Fluoresceinisothiocyanat
GA	Geldanamycin
Hp_HtpG	Hitzeschockprotein G aus *Helicobacter pylori*
H. pylori	*Helicobacter pylori*
Hs	*Homo sapiens*
HSF1	Hitzschockfaktorprotein1
Hs_Hsp90	Hitzeschockprotein 90 aus *Homo sapiens*
Hsp	Hitzeschockprotein

HtpG	high temperature protein G
IC_{50}	Mittlere inhibitorische Konzentration
ITPG	Isopropyl-ß-D-thiogalactopyranosid
KanR	Kanamycin-Resistenz
K_D	Dissoziationskonstante
kDa	Kilodalton
MD	Mittlere Domäne
ME	Mercaptoethanol
MWCO	molecular weight cut off
NaCl	Natriumchlorid
NBT	Nitroblau-Tetrazoliumchlorid
NP-40	Nonoxinol 40
NTD	N-terminalen Domäne
PCR	Polymerase-Kettenreaktion
RCF	relative centrifugal force
RE	Restriktionsenzym
RNA	Ribonukleinsäure
RT	Raumtemperatur
rpm	Umdrehungen pro minute
SDS	Natriumdodecylsulfat
SDS-PAGE	SDS-Polyacrylamid-Gelelektrophorese
Sh_HtpG	Hitzeschockprotein G aus *Streptomyces hygroscopicus*
S. hygroscopicus	*Streptomyces hygroscopicus*
sp.	species
spp.	species pluralis
TAE	Tris-Acetat-EDTA
TCA	Trichloressigsäure
TEMED	N,N,N',N'-Tetramethylethylendiamin
U	Unit (Einheit der Enzymaktivität)
UV	Ultaviolett

1 Einleitung

Der menschliche Körper besteht aus über 100 Billiarden Zellen, doch leben in uns mehr als die zehnfache Anzahl an Mikroorganismen. Sie leben überwiegend im Verdauungstrakt und bilden dort die Darmflora, die für die Gesundheit des Menschen unverzichtbar ist. Der größte Teil der Bakterien im Darm sind unentbehrliche Helfer, da sie zum Beispiel schwer verdauliche Ballaststoffe verarbeiten, das lebenswichtige Vitamin K produzieren oder bei der Immunabwehr beiligt sind. Die pathogenen Bakterien werden meistens im Magen durch die Magensäure abgetötet, bevor der Nahrungsbrei in den Dünndarm gelangt. Erstaunlicherweise gibt es aber ein spiralförmiges Bakterium, das den Magen besiedeln kann - das Bakterium *Helicobacter pylori*.[1] Nur die wenigsten Menschen kennen es bei seinem Namen, allerdings trägt durchschnittlich weltweit mehr als jeder Zweite dieses Bakterium im Magen. Es gehört zu den krankheitserregenden Bakterien im Verdauungstrakt und kann im Magen große Schäden anrichten. So gilt es heute als Hauptverursacher von Magenschleimhautentzündungen und Magenkrebs. Wenn die Infektion symptomatisch verläuft, wird im Moment das Bakterium mit Antibiotika bekämpft. Doch es gibt immer mehr antibiotikaresistente Bakterien-stämme, sodass eine neue Bekämpfung entwickelt werden sollte.[2,3]

Hierbei stellen bakterielle Hitzeschockproteine (Hsp) mögliche Targets dar. Hitzeschockproteine sind „molekulare Anstandsdamen“, die anderen Proteine bei ihrer Reifung und der Faltung in ihre dreidimensionale Struktur auch unter extremen Umweltbedingungen helfen. Sie sind für die Zelle lebensnotwendig, damit das Proteom aufrecht und die Funktionstüchtigkeit der Proteine erhalten bleibt. Bei Krankheiten wie Krebs, Alzheimer oder Parkinson nutzen

---

[1] Kavermann, H. (2002)

[2] Dunn, B. E. et al. (1997)

[3] Megraud, F. (1998)

pathogene Proteine das Kontrollsystem der Hitzeschockproteine für ihre Aktivierung oder Maturation aus.[4] Auch bei der Pathogenese der *H. pylori*-vermittelten Gastritis, spielt das Hitzeschockkontrollsystem eine große Rolle undist ein interessanter Ansatz zur Bekämpfung der mit *H. pylori* verbundenen Krankheiten.[5]

In den letzten Jahren wird unermüdlich nach Inhibitoren für das humane Hitzeschockprotein Hsp90α gesucht, weil es in Tumorzellen in erhöhter Menge vorkommt und für das Überleben der Tumorzellen bedeutend ist. Durch die Inhibierung des Hsp90α sterben die Zellen ab wodurch die Entstehung von Krebs verhindert wird. Aufgrund dieser molekularen Zusammenhänge ist die Suche und die Analyse von Inhibitoren für Hitzeschockproteine in den Fokus medizinischer Forschung gerückt.[6] Die Suche nach möglichen Inhibitoren soll kosten- und materialschonend sowie schnell durchführbar sein. Durch sogenannte High-Throughput-Screenings wäre eine schnelle, effiziente, parallelisierte und miniaturisierte Analyse möglich. Das Protein Microarray-Format liefert diese Eigenschaften. Auf einem einzigen Microarray können sehr viele Proteine nebeneinander immobilisiert werden und seine mögliche Einteilung in 16 Subarrays erlaubt ein paralleles Screening verschiedener Substanzen oder Konzentrationsabhängigkeiten.

1.1 Zielsetzung

Das Ziel dieser Masterarbeit im Fach Bioprozesstechnik ist die Herstellung eines bakteriellen Hitzeschockproteins und die Entwicklung eines direkt-kompetitiven Inhibitor-Screenings für Hitzeschockproteine im Microarray-Format.

Hierzu ist die Arbeit in zwei Teile gegliedert. Zuerst soll das Hitzeschockprotein HtpG aus *H. pylori* als rekombinantes Protein selbstständig dargestellt werden. Dafür muss das *htpg* Gen in einen Expressionsvektor kloniert, anschließend überexprimiert und das Protein aufgereinigt werden. Im zweiten

[4] Hartl, F. U. et al. (2011)
[5] Homuth, G. et al. (200)
[6] Li, Y. et al. (2006)

Teil dieser Arbeit soll ein HtpG-Inhibitor-Screening-System auf Microarraybasis entwickelt werden und die Bindungseigenschaften des HtpG aus *H. pylori* mit denen des Hsp90α aus *Homo sapiens* verglichen werden. In diesen Assay sollen die zu testenden Inhibitoren darauf untersucht werden, ob sie Cy3-markiertes ATP aus der ATP-Bindungstasche der Hitzeschock-proteine verdrängen. Die potentiellen Inhibitoren wurden am Institut für Organische Chemie der Leibniz Universität Hannover im Arbeitskreis von PROF. DR. ANDREAS KIRSCHNING durch Mutasynthese hergestellt. Das Hsp90α aus *Homo sapiens* wurde von PD DR. CARSTEN ZEILINGER, Institut für Biophysik, Leibniz Universität Hannover isoliert und aufgereinigt. Somit können die beiden Proteine auf ihre Bindungseigenschaften von Cy3-ATP und den Inhibitoren parallel untersucht werden.

Der in Rahmen dieser Arbeit zu entwickelnde Proteinchip-Assay ist sehr zeit- und materialsparend. Ein etablierter Assay würde in kürzester Zeit sehr viele Informationen zu den Bindungseigenschaften der Inhibitoren und damit zu ihrem Potential als mögliches Therapeutikum liefern.

2 Theorie

2.1 Hitzeschockproteine

Hitzeschockproteine sind molekulare Chaperone in der Zelle, die anderen Proteinen, ihren Klientenproteine, bei der Entfaltung oder Faltung ihrer Sekundärstukturen in zellulären Stresssituationen helfen. Sie besitzen keinerlei Informationen über die korrekte Faltung der Klienten, sondern unterstützen durch ihre Bindung die Proteine bei ihrem Faltungsprozess, indem sie Aggregationen oder fehlerhafte Interaktionen zu anderen Molekülen vermeiden. Sie sind essentiell für das Überleben des Organismus und spielen eine wichtige Rolle in der Zelle. So sind sie bei der Signaltransduktion, bei der Kontrolle des Zellzyklus, beim Stressmanagement und beim Transport von Proteinen involviert.[7] Die Expression dieser Gene ist nicht nur stark hitzeinduzierbar, sondern kann auch auf andere Umwelteinflüsse, wie UV-Strahlung, Sauerstoffmangel, Anwesenheit von Ethanol oder Schwermetalle zurückgeführt werden.[8]

Die Hitzeschockproteine werden in fünf Familien (Hsp100, Hsp90, Hsp70, Hsp60 und kleine Hsps) eingeteilt. Diese Familien unterscheiden sich einerseits in ihrer Molekülmasse, so haben z.B. die bekanntesten Hitzeschockproteine der Hsp90-Familie alle eine Masse von ca. 90 kDa und anderseits sind die Familien auf Grund ihres genetischen und biochemischen Hintergunds eingeteilt. Das Hitzeschockprotein Hsp90α der Hsp90-Familie hat in den letzten zehn Jahren große Bedeutung in der Krebstherapie bekommen. Auch bei anderen Krankheiten wie Malaria oder bakteriellen Erkrankungen werden Hitzeschockproteine als Target zur Bekämpfung der Krankheiten immer interessanter.[9]

---

[7] Chen, B. et al. (2006)

[8] Richter, K. et al. (2010)

[9] Javid, B. et al. (2007)

2.1.1 *Evolution der Hitzeschockproteine*

Die Hsp90-Familie ist in einer Vielzahl von Organismen zu finden. Sie ist sehr konserviert und besitzt ein hohes evolutionäres Alter. Durch Untersuchungen in *Saccharomyces cerevisiae* wurde herausgefunden, dass 10 % aller zellulären Proteine direkt oder indirekt von den Proteinen der Hsp90-Familie abhängig sind. Es sind zum einen Proteine, die die Chaperonen zum Falten, Stabilisieren oder Aktivieren ihrerseits brauchen und zum anderen sind es Co-Chaperone, die die Hsp90-Proteine in ihren Funktionen unterstützen.[10] Die Hsp90-Familie kann in fünf Unterfamilien eingeteilt werden, vier davon sind in Eukaryoten vorhanden, eine in den Prokaryoten. In Eukaryoten sind die Hsp90 Gene Bestandteil des Kern-Genoms, doch kommen die vier verschiedenen Isoformen des eukaryotischen Hsp90 in unterschiedlichen Zellkompartimenten vor. Im Cytosol gibt es zwei Formen, das Hsp90α (induzierbare Form) und das Hsp90β (konsitutive Form). Sie sind zu 85 % identisch und sind durch eine Genduplikation vor rund 500 Millionen Jahren entstanden. Die beiden Proteine werden als Hsp90A-Unterfamilie zusammengefasst. Unter stressfreien Bedingungen macht Hsp90 1-2 % der Cytosolproteine aus, wohingegen sich durch Stress ihre Konzentration in der Zelle verdoppeln oder gar verdreifachen kann.[11] Es sind die am besten untersuchten Proteine der Hsp90-Familie.

Ein anderes Protein der Familie ist Grp94 (glucose-regulated protein), auch bekannt als Hsp90B, das im Endoplasmatische Retikulum (ER) lokalisiert ist. Bis auf Pilze haben alle Eukaryoten dieses Protein der Hsp90-Familie. Grp94 unterstützt die Zelle bei Stress und hilft beim Abbau von falsch gefalteten Proteinen auf dem ER-assoziierten Abbauweg. Bekannte Grp94 abhängige Proteine sind unter anderem der IGF-2 (insulin-like growth factor), Immunoglobuline und andere Signaltransduktions vermittelnde PRRs (pattern recognition receptors).[12]

---

[10] Zuehlke, A and Johnson, J. L. (2010)

[11] Chen, B. et al. (2006)

[12] Chen, B. et al. (2006)

Die dritte Unterfamilie bildet das Protein TRAP-1 (tumor necrosis factor receptor associated protein 1). Es beschützt das Mitochondrium vor oxida-tivem Stress. Dieses Hitzeschockprotein ähnelt am meisten dem bakteriellen Vertreter, der Hsp90-Familie, dem HtpG.[13] Allerdings ist es unwahrscheinlich, dass sie endosymbiontischen Urspungs sind. Es scheint eher so, als ob sich das TRAP-1 früh von den anderen drei eukaryotischen Familien getrennt hat und somit dem HtpG sehr ähnlich ist. TRAP-1 hat als einziger Vertreter ein einzigartiges LxCxE Motiv, welches nicht in den anderen Mitgliedern der Hsp90-Familie vorkommt.

Das Motiv sorgt für Protein-Protein-Wechselwirkungen. Außerdem benötigt das *trap* Gen anders als die anderen Hitzeschockgene Stresskinasen für seine Transkription.[14] Im Gegensatz zu den eukaryotischen Proteinen hat das HtpG keine essentielle Aufgabe bei nicht-Stressbedingungen in Bakterien. Eine Deletion des *htpG* auf dem *E. coli* Chromosom hatte keine Auswirkungen auf das Wachstum der Bakterienkultur. Erst mit einem Temperaturanstieg von 37 auf 40 °C wird es relevant für Bakterien.[15] Die Amino-säuresequenz des HtpG aus *E. coli* ist zu 37 % identisch zu der des humanen Hsp90α. HtpG kommt aber nicht in Archaeabakterien vor, da ihnen das Gen komplett fehlt. Sie haben nur Gene für kleinere Hitzeschockproteine.

Die letzte Unterfamilie ist das Hsp90C, welches in den Chloroplasten von Pflanzen vorhanden ist. Alle vier eukaroytischen Hsp90-Unterfamilien hatten einen HtpG ähnlichen Vorfahren und es wird vermutet, dass sich die Unterfamilien Hsp90A und Hsp90C aus der ER-lokalisierten Unterfamilie Hsp90B entwickelt haben. TAIPALE ET AL. (2010) haben Organismen, die Hitzeschockproteine der Hsp90-Familie besitzen, in ihre Unterfamilie eingegliedert und in einen polygenetischen Baum zusammengefasst (Abb. 1)[16]. Die Länge der Äste symbolisiert die genetische Distanz zwischen den Organismen. Eine genetische Distanz von null bedeuetet, dass die Proteine identisch sind. Wohingegen eine eine genetische Distanz von eins besagt, dass keine Verwandtschaft zwischen den zwei Proteinen besteht.

---

[13] Chen, B. et al. (2006)

[14] Taipale, M. et al. (2010)

[15] Schulz, A. et al. (1997)

[16] Taipale, M. et al. (2010)

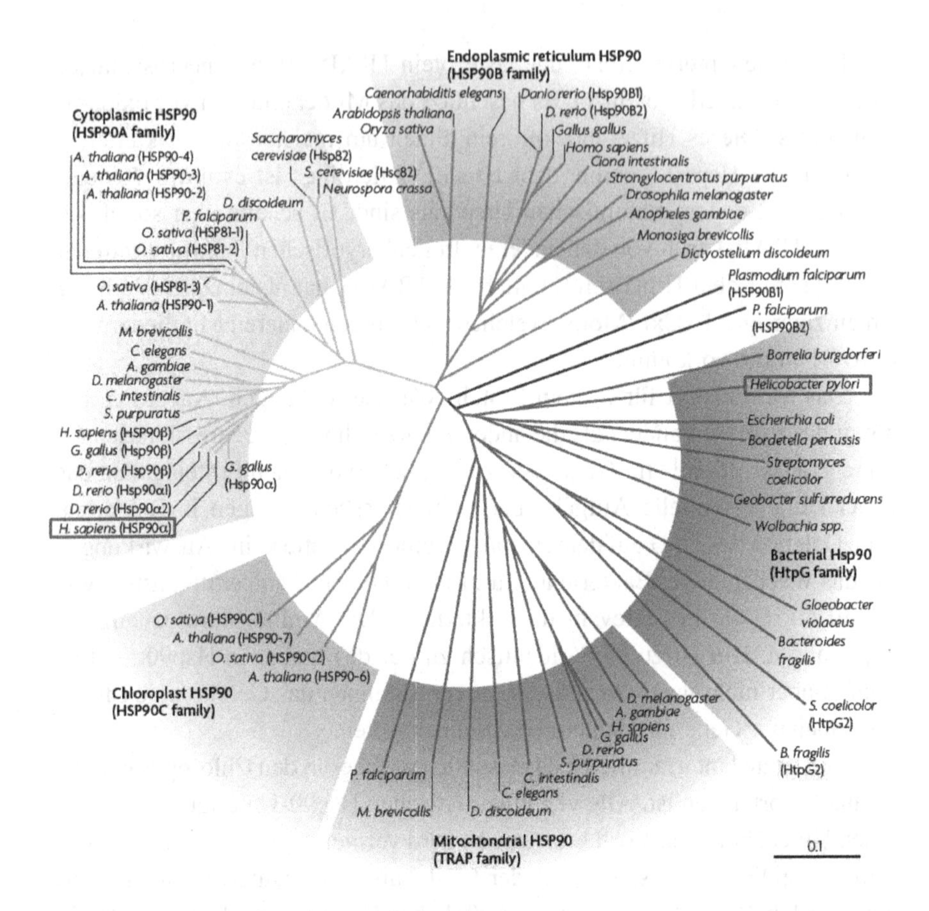

Abbildung 1: Polygenetischer Baum der Organismen, die Hitzeschokproteine der Hsp90-Familie besitzen. Die Hsp90-Familie besteht aus fünf Unterfamilien Hsp90A, Hsp90B, Hsp90C, TRAP und HtpG. Die Länge der Äste symbolisiert die genetische Distanz zwischen den Organismen. Die für die Arbeit relevanten Organismen *H. sapines* und *H. pylori* wurden hervorgehoben. (abgeleitet von [17])

Die für die Masterarbeit relevanten Hitzeschockproteine aus den Organismen *H. sapiens* und *H. pylori* wurden nachträglich rot in der Abbildung umrandet. Die genetische Distanz ist sehr groß, ungefähr 0,6, da ihre Hsp90-

[17] TAIPALE, M. ET AL. (2010)

Proteine aus zwei verschiedenen Unterfamilien stammen. Das Hitzeschockprotein von *H.pylori* gehört der bakteriellen HtpG-Unterfamilie und das Hsp90α aus *H. sapiens* der Hsp90A-Unterfamilie an.

Während der Evolution hatten die Proteine der Hsp90-Familie in Eukaryoten einen bedeutenden Einfluss auf die Ausbildung von Phänotypen durch genetische Variationen. Die Chaperone mussten und müssen noch heute Proteine richtig falten, auch wenn es zu genetischen Veränderungen der DNA durch Stressoren kam/kommt. Außerdem unterstützen Hsp90-Proteine viele spezifische Signalüberträger und liegen somit an der Schnittstelle zu vielen Entwicklungswegen. Bei sehr großem Umweltstress werden selbst die Hitzeschockproteine inaktiv und es kann zu phänotypischen Veränderungen des Organismus kommen. Zuvor verborgene Genvarianten rücken dann mehr in den Vordergrund. Diese „benachteiligten" Varianten kamen zuvor durch Hsp90 Pufferung nicht zum Vorschein. In *Drosophila melanogaster, Arabidopsis thaliana* und *Danio rerio* wurden bei Ausschaltung von Hsp90-Proteinen, neue Phänotypen sichtbar, die auf genetischen Hintergrund zurückzuführen sind. In den sonst so komplexen Entwicklungsprozessen kann somit die evolutionäre Veränderung gefördert werden, wenn ein neuer Phänotyp von Vorteil ist.[18]

2.1.2 Genregulation und Genexpression der Hitzeschockproteine

Die Genregulation der Hitzeschockproteine ist in Eukaryoten und Prokaryoten unterschiedlich. In *E. coli* wird die Expression der Hitzeschock-gene durch zwei Sigmafaktoren, σ^{32} und σ^{24} reguliert. In Abbildung 2 wird die Regulation von Hitzeschockgenen durch den σ^{32} in *E. coli* in einem Model zusammengefasst. Sigmafaktoren sind bakterielle Proteine und für die Initiation der Transkription der DNA notwendig sind. Sie binden an die RNA-Polymerase. Die 32 kDa große RNA-Polymerase Untereinheit σ^{32} ist durch das Gen *rpo*H kodiert. Sie modifiziert die Promotor Erkennungsstelle der RNA-Polymerase und ermöglichen somit eine bessere Bindung an die DNA. 31 Hitzeschockgene werden von Transkriptionsfaktor σ^{32} reguliert und Transkriptionsfaktor

[18] Rutherford, S. and Lindquist, S. (1998)

σ^{24} aktiviert die Expression von ungefähr zehn Genen.[19] Unter normalen Bedingungen werden die Sigmafaktoren ständig sehr schwach synthetisiert. Bedingt durch ihre Instabilität sind pro Zelle nur 10-30 Moleküle vorhanden. Bei einen Temperaturanstieg von 37 auf 40 °C kommt es zu einem Anstieg der aktiven *rpo*H mRNA Menge und die Konzentration von σ^{32} nimmt um das 15-20fache zu. Der dramatische Anstieg des Sigmafaktors lässt sich durch zwei Phänomene erklären, eines auf dem post-transkriptionalen und das andere auf dem post-translationalen Level. Unter stressfreien Bedingungen gibt es einen translationalen Silencer innerhalb des monocistronischen Transkripts, der die Bindung des Ribosoms an die mRNA verhindert. Eine andere Region auf der mRNA führt dazu, dass die mRNA Sekundärstrukturen ausbiden. Beim Hitzeschock entfaltet sich die mRNA einerseits durch die erhöhte Temperatur, anderseits wird sie durch Interaktion mit der RNA Helicase stabilisiert und die intakte mRNA kann abgelesen werden. Der zweite Grund für die erhöhte Konzentration des σ^{32} in der Zelle ist, dass das Protein bei Temperaturerhöhung eine erhöhte Halbwertszeit von vier Minuten statt 40 Sekunden bekommt. Dies kommt durch die Stabilitätshilfe des Chaperon DnaK zustande.[20]

σ^{32} bindet an die RNA-Polymerase und ist somit der Aktivator der Hitzschockgenexpression. Es handelt sich bei diesem Vorgang um eine positive Regulation. Die RNA-Polymerase transkribiert viele hitzeinduzierte Gene, die für Chaperone, Proteasen und DNA-Reparaturenzyme kodiert sind. Darunter auch die Chaperon HtpG.[21] Für das HtpG besitzen die Bakterien null bis zwei Gene und wie fast alle prokaryotischen Gene besitzt es nur ein Exon. Die HtpG-Proteine sind je nach Bakterium 588 - 681 AS lang und sind somit die kürzesten Hitzeschockproteine der Hsp90-Familie. Sie haben ein Molekulargewicht zwischen 66,7 - 78,0 kDa, sind sehr variabel und besitzen keine für sie kennzeichnende Sequenz.[22]

Wenn sich die extremen Umweltbedingungen wieder gelegt haben, sorgen negative Regulatoren (DnaK, DnaJ, GrpE) dafür, dass sich σ^{32} von der

[19] Taipale, M. et al. (2010)
[20] Schumann, W. (1996)
[21] Taipale, M. et al. (2010)
[22] Chen, B. et al. (2006)

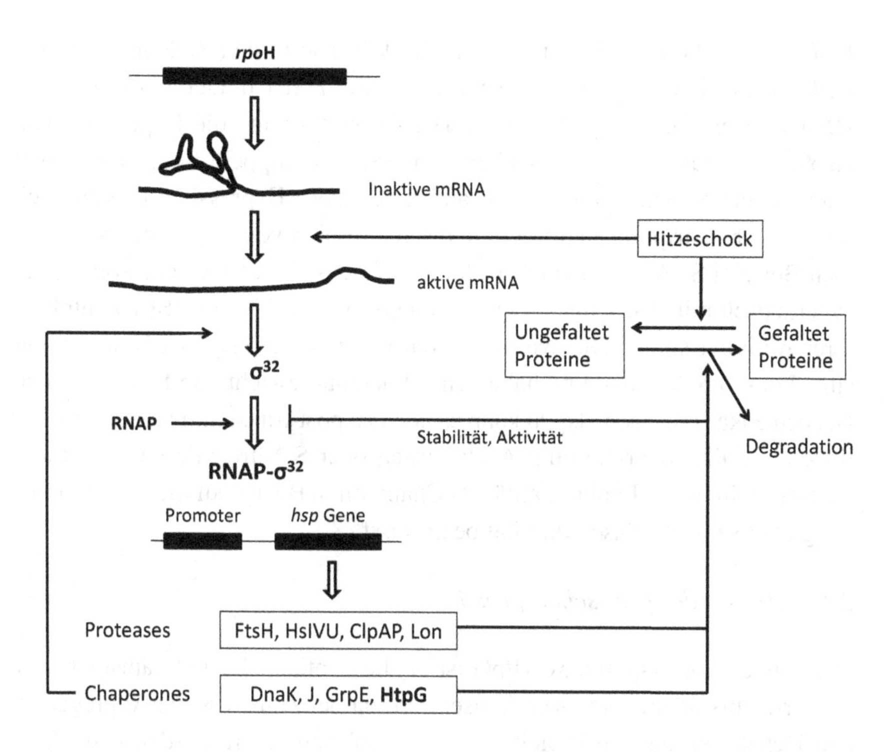

Abbildung 2: Modell der Regulation von Hitzeschockgene durch den Sigmafaktor 32 in *E. coli*

RNA-Polymerase löst, die Stabilität des Sigmafaktors aufgehoben und die Translation von *rpo*H herunter reguliert wird.[23] Die Initiation der Synthese von eukaryotischen Hsp90 erfolgt durch spezifische Transkriptionsfaktoren. Diese werden durch Zellstress und insbesondere durch erhöhte Temperaturen aktiviert. In Vertebraten gibt es 4 - 16 Gene für alle vier eukayotischen Hitzeschockproteine der Hsp90-Familie. Sie werden durch den Transkriptionsfaktor HSF1 (heat shock factor protein 1) kontrolliert und induziert. Unter normalen Bedingungen ist HSF1 ein Klient von Hsp90 und wird durch Hsp90 und Hsp70 als Monomer in einer inaktiven Form gehalten. Durch Umweltstressoren löst sich HSF1 von den Hsps ab, da die Hsp90-Proteine jetzt die degradierten Proteine wieder in ihre Sekundärstrukturen falten müssen und nicht mehr

[23] Schumann, W. (1996)

HSF1 binden können. Somit wird HSF1 aktiv und in den Zellkern transportiert, wo es trimerisiert und phosporyliert wird. HSF1 bindet an cis-ähnliche DNA Sequenzelemente (HSEs) des Hsp-Promoters und die Expression von Hsp90 wird durch die Anwesenheit von HSF1 verdoppelt. Somit hat Hsp90 unter anderem auch einen Einfluss auf seine eigene Expression. Es gibt noch mehrere Transkriptionsfaktoren, die die Expression von Hsp90 beeinflussen; zum Beispiel STAT1 (signal transducer and activator of transcription 1), der synergetisch mit HSF1 interagiert, wohingegen STAT3 und HSF1 konträr in ihrer Aktivität sind.[24] Die synthetisierten Proteine der Hsp90A-Unterfamilie sind 756 - 785 AA lang und haben ein Molekulargewicht von 84 - 90,0 kDa. Bei den eukaryotischen Hsp90 kann es noch zu post-translationalen Modifikationen wie Phosphorylierung, Acetylierung oder S-Nitrosylierung kommen. Dadurch wird seine Funktionalität als Chaperon in Bezug auf die Klientenbindung oder seine ATPase-Aktivität beeinflusst.

2.1.3 Aufbau der Hitzeschockproteine

Der Aufbau von Hsp90 bzw. HtpG ist in allen untersuchten Organismen von Bakterien bis Säugetieren sehr konserviert, da bei Zellstress die Aggregation und Denaturierung von Proteinen im Cytosol verhindert werden soll. Zwischen dem human Hsp90α und dem HtpG aus *E. coli* herrscht 50 % Sequenzähnlichkeit.[25] Sie sind ATP-abhängig und ihre ATPase gehört zur ATP-bindenden GHKL (Gyrase, Hsp90, Histidine Kinase, MutL) Proteinsuperfamilie. Die ATP-Aktivität ist essentiell damit das Protein richtig in der Zelle funktioniert. Die Hsp90-Proteine sind Homodimere und jedes Monomer besitzt drei Domänen: Die N-terminale ATP-Bindedomäne NTD (25 kDa), die mittlere Domäne MD (55 kDa), an die die Zielproteine des Chaperons binden und die C-terminale Dimerisationsdomäne CTD (10 kDa) (s. Abb. 3b). Wichtige Bereiche in den Domänen sind zum einen das Element in der NTD, das Nukleotiddeckel (lid) genannt wird und zum anderen die katalytische Schleife (loop) in der MD. Sie sind beim Reaktionszyklus des Hsp90 beteiligt (s. 2.1.4).

---

[24] Taipale, M. et al. (2010)

[25] Krukenberg, K. A. et al. (2011)

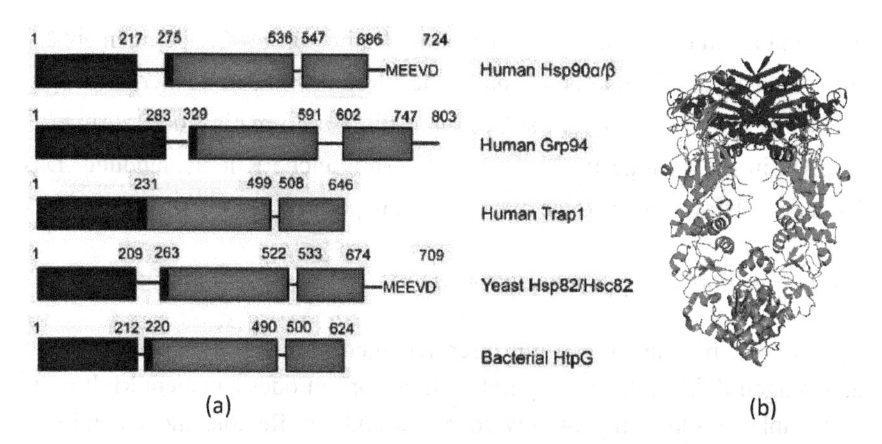

Abbildung 3: (a) Struktureller Aufbau von Hsp90 Homologe unterschiedlicher Organismen. Die drei Domänen wurden farblich dargestellt; die N-terminale ATP-Bindedomäne in blau, die mittlere Domäne in grün und die C-terminale Dimerisationsdomäne in braun. Horizontal ist die Aminosäureposition aufgetragen.[26] (b) Kristallstruktur des Hsp90 Homodimers aus Saccharomyces cerevisiae. Die drei Domänen sind in den gleichen Farben wie in (a) dargestellt. (RCSB Protein Data Bank , PBD ID: 2cg9).

Wie auch in Abbildung 3a ersichtlich wird, sind die drei Domänen der Hsp90 Homologen in unterschiedlichen Organismen sehr konserviert und ähnlich groß. Horizontal sind die Aminosäurenpositionen aufgetragen und die Domänen sind farblich unterschiedlich dargestellt (NTD blau, MD grün, CTD braun). Die Verbindungsstücke zwischen den Domänen sind die variablen Bereiche, in denen es zu großen strukturellen Unterschieden zwischen den Organismen kommen kann. Zum Beispiel ist zwischen dem NTD und der MD bei den Eukaryoten eine Linkerregion, die überwiegend geladene Aminosäuren enthält und hydrophil ist. Sie ist ca. 60 Aminosäuren lang. Im Gegensatz dazu liegt bei der prokaryotischen Form des Hsp90 nur ein kleiner Abschnitt von acht Aminosäuren zwischen den beiden Domänen.[27] Bei der eukaryotischen cytosolischen Form des Hsp90 befinden sich dort Bindestellen für Co-Chape-

[26] Krukenberg, K. A. et al. (2011)

[27] Tsutsumia, S. et al. (2012)

rone und Klientenproteine. Es ist von einer Reihe von Co-Chaperonen abhängig, die auch an die anderen Domänen des Proteins binden können. Sie regulieren die ATPase Aktivität, stabilisieren die Konformation oder dirigieren Hsp90α in die richtige Position für eine erfolgreiche Klientenbindung. Das bakterielle HtpG besitzt keine solcher Co-Chaperone.[28]

2.1.4 Funktion der Hitzeschockproteine

Hsp90-Proteine interagieren mit ihren Klienten in einem dynamischen ATP abhängigen Zyklus, damit sie gefaltet, transportiert oder zu einem Multiproteinkomplex zusammen geführt werden. Sie sind sehr flexible und dynamische Moleküle. Die Proteine der Hsp90-Familie unterliegen alle einer ähnlichen Konformationsänderung und ATPase Aktivität. Während des Reaktionszyklus durchlaufen die Hsp90-Proteine vier verschiedene Konforma- tionsstadien. Die Konformationsänderungen und die Nukleotidbindung sind nicht wie zuvor angenommen voneinander abhängig, sondern geschehen eher zufällig durch Temperaturschwankungen.[29] Co-Chaperone und Substrate regulieren diese eventuell mit. Die ATP-Aktivität ist beim humanen Hsp90α sehr langsam, es werden drei ATP pro Stunde umgesetzt.[30] Es ist eine präzise ATPase Aktivität erforderlich, damit das Chaperon richtig funktionieren kann. Mutanten mit einer veränderten ATPase Aktivität zeigen keine Chaperonaktivität.[31] RATZKE ET AL. fanden 2012 heraus, dass die ATP Bindung und Freilassung sehr viel schneller vonstattengeht, als die ATP Hydrolyse. Bis es zur Hydrolyse kommt, bindet und löst sich das Nukleotid von dem Hsp90α mehrere Male. Die eigentliche Hydrolyse verläuft dann schnell und ADP wird frei gelassen. Zwischen den ATP Bindungs- und Hydrolysezuständen ist die freie Energiebarriere sehr groß und schwer überwindbar. Dies erklärt die schwache ATPase Aktivität des Hsp90α.

In der geöffneten Form ist das Monodimer über die CTD dimerisiert und bildet eine V-förmige Gestalt. Ein typischer Chaperon-Zyklus ist in Abbildung

---

[28] Hartl, F. U. et al. (2011)

[29] Ratzke, C. et al. (2012)

[30] McLaughlin, S. et al. (2004)

[31] Krukenberg, K. A. et al. (2011)

4 gezeigt, auf den im späteren Verlauf drauf eingegangen wird. Die Klienten binden an die MD und ATP an die NTD. Anders als zuvor angenommen, kann ATP aber nicht nur an die geöffnete Form der Hsp90-Proteine binden, sondern auch an die geschlossene. Die Bindung von ATP selber bewirkt keine Konformationsänderung des Homodimers. Außerdem benötigt das Homodimer für seine vollständige ATPase Aktivität nur ein ATP, das an die ATP-Bindestelle eines Monomers bindet. Das zweite Monomer ist nur für die Aktivierung der Hydrolyse zuständig, da das Chaperon dafür die geschlossene Gestalt annehmen muss. Für die erste ATP Bindung in der offenen Konformation des Hsp90 liegt der K_D-Wert bei 200 nM und für die zweite ATP Bindung liegt er bei mehr als 10 µM. Das belegt, dass die beiden ATP-Bindestellen sich negativ beeinflussen.[32]

Die NTD besitzt einen sogenannten Lid, der durch die ATP-Bindung geschlossen wird. Die beiden NTDs dimerisieren kurzzeitig über einen β-Strang am Ende des NTD in die geschlossene Form des Chaperons. Die zweite Strukturänderung erfolgt durch eine Umpositionierung der Übergangsstelle von der NTD zur MD. Die beiden Domänen verdrillen sich ineinander. Ein konserviertes Arginin (R380) des katalytischen Loops der MD interagiert dadurch mit dem γ-Phosphat des ATP und es kommt zu seiner Hydrolyse. Nach der Hydrolyse wird das Protein von der verdrillten Form wieder in seiner Ausgangsposition, die offene V-Form überführt. Das ADP und die Klienten werden aus der molekularen Klammer frei gelassen und der Zyklus kann von neuem beginnen. [33] Es wurde herausgefunden, dass Hsp90α auch ohne die Bindung von ATP in die geschlosse Konformation übergehen kann und zwischen den beiden Formen ein Gleichgewicht herrscht. Der Übergang vom offenen in den geschlossenen Zustand ist temperaturabhängig.[34]

In eukaryotischen Zellen dirigieren zusätzlich zum ATP Co-Chaperone den Zyklus von Hsp90α. Es sind mehr als 20 dieser Helfer bekannt, doch ihre biologischen Rollen sind noch weitestgehend unbekannt. Es ist bekannt, dass sie bei der Interaktion von Hsp90α und ATP beteiligt sind, die ATPase Aktivität von Hsp90α erhöhen oder oder senken und dass sie Klienten rekrutieren

[32] Ratzke, C. et al. (2012)

[33] Trepel, J. et al. (2010)

[34] Zuehlke, A. and Johnson, J. L. (2010)

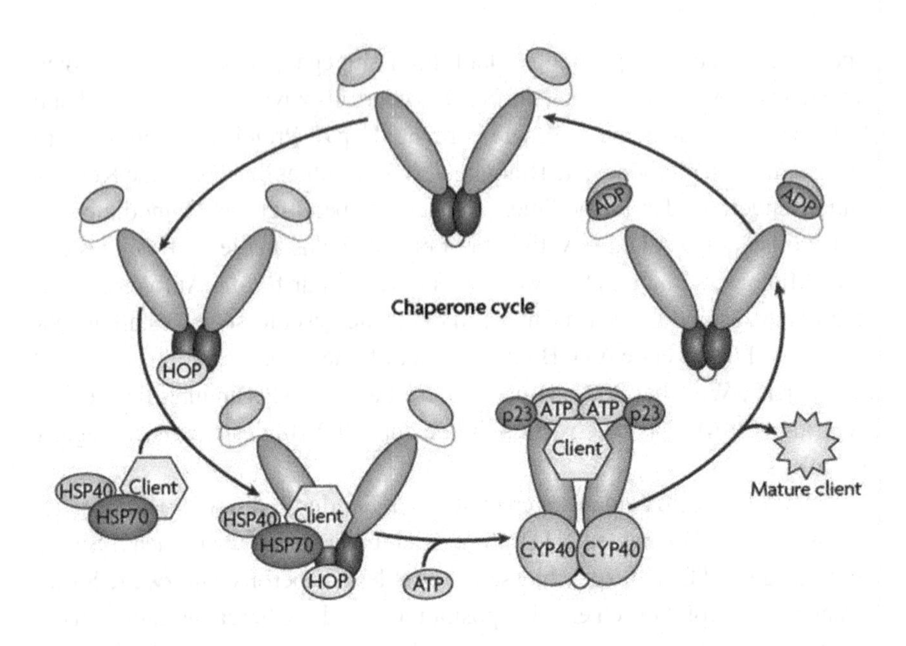

Abbildung 4: Schematische Darstellung des Reaktionszyklus von eurkaryotischen Hsp90α mit seinen Konformationsänderungen, der Nukleotidhydrolyse und den Interaktionen mit Co-Chaperonen während des Reifeprozesses eines Steroidhormonrezeptors. [35]

können. Die größte Gruppe der Co-Chaperonen in Hefen und Menschen bindet an das MEEVD Motiv aus fünf Aminosäuren der CTD (s. Abb. 3a).

In Abbildung 4 ist beispielhaft ein klassischer ATP-Zyklus des Hsp90α mit der Interaktion von Co-Chaperonen dargestellt. Dabei handelt es sich um die Reifung eines Progesteronrezeptors in Hefen. Hsp90α und Hsp70 sind für die Faltung und Aktivierung des Proteins zuständig. Zuerst binden HOP (Hsp70-Hsp90 organizing protein) an den C-Terminus des Hsp90α. Es hat neun TPR-Motive (tetratricopeptide repeat) und kann somit Protein-Protein-Wechselwirkungen eingehen. Durch die Bindung von HOP an das Hsp90α wird es in der offenen Form gehalten. Der Progesteronrezeptor bindet an einen Komplex aus Hsp40 und Hsp70, diese wiederum an den Hsp90α-HOP-Komplex. Es entsteht ein Multi-Chaperon-Komplex. Der Klient wird von Hsp70

[35] Taipale, M. et al. (2010)

auf Hsp90α übertragen und ATP bindet an die NTD von Hsp90α, sodass die Reifung des Klienten vorangetrieben wird. Das Co-Chaperon p23 bindet anschließend an die NTD und reduziert die konfor-matorische Stabilität. Die Dissoziation des Klienten von dem Chaperon-komplex erfolgt und der Zyklus ist abgeschlossen. Welche genaue Aufgabe das am C-Terminus des Chaperons gebundene CYP40 hat, ist noch nicht vollständig geklärt. Es hilft bei der Aktivierung des Klienten in der Endphase des Zyklus.[36]

2.2 *Helicobacter pylori* und sein Hitzeschockprotein HtpG

Helicobacter pylori ist einer der häufigsten Verursacher bakterieller Infektionen beim Menschen. Weltweit sind im Durschnitt 60 % der Bevölkerung von *H. pylori* befallen. Doch gibt es eine ungleiche Verbreitung des Erregers zwischen den Industrieländern und Entwicklungsländer. In den Industriestaaten, wie Europa, Australien und Nordamerika, sind nur 20 – 50 % der Bevölkerung infiziert. In den Entwicklungsländern liegt der Anteil an *H. pylori* Infizierten sehr viel höher; bis zu 90 % der Menschen sind mit ihm infiziert.[37] Meistens wird es schon im Kindesalter durch mit Fäkalien verunreinigtes Trinkwasser aufgenommen und persistiert im Organismus ein Leben lang, wenn die Infektion nicht behandelt wird. Das angeborene Immunsystem kann das Bakterium meistens nicht eliminieren.[38]

H. pylori ist ein gram-negatives, pathogenes und mikroaerophiles Stäbchenbakterium (s. Abb. 5) das vor allen in der Magenschleimhaut von Primaten vorkommt und Erreger von einer ganzen Reihe von gastroduodenalem Erkrankungen wie der chronisch-atrophische Gastritis (Typ B-Gastritis), dem Ulkus (Magengeschwür) oder der Refluxkrankheit ist. Die Entzündungsreaktion des Magenepithels ist unterschiedlich stark ausgeprägt und für die meisten Infizierten bleibt die Infektion zunächst asymptomatisch. *H. pylori* bewegt sich mit seiner Geißel im Magen fort. Der pH-Wert im menschlichen Magen ist stark sauer und das Bakterium kann nur durch einen Schutzmechanismus

[36] Taipale, M. et al. (2010)

[37] Dunn, B. E. et al (1997)

[38] Kavermann (2002)

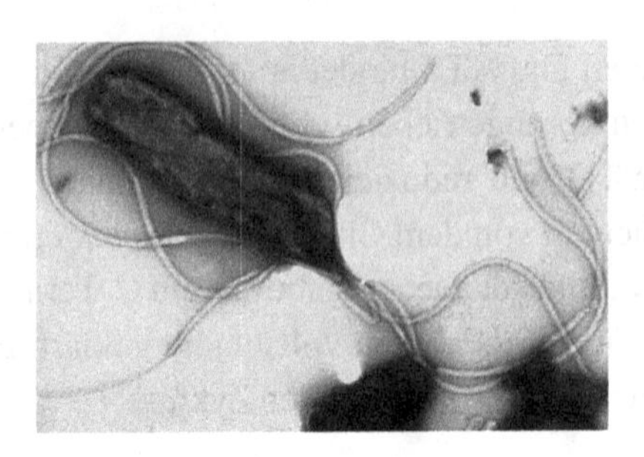

Abbildung 5: Elektronenmikroskopische Aufnahme von *Helicobacter pylori*.[39]

in der Magenschleimhaut überleben. Es besitzt an seiner Oberfläche sehr viele Urease-Komplexe. Urease ist ein Ni^{2+}-abhängiges Metalloenzym, das Harnstoff in Ammoniak und Kohlenstoffdioxid spaltet. Harnstoff wird durch die Nahrung aufgenommen. Dadurch wird das saure Milieu in der Umgebung des Bakteriums durch den Ammoniak auf einen neutralen pH-Wert gebracht und somit ist das Bakterium im Magen überlebensfähig. Die Entzündungsreaktionen entstehen durch die Schädigung der Schleimhaut durch Urease und Ammoniak.[40]

Zurzeit wird durch eine Tripletherapie bestehend aus den Antibiotika Amoxicillin oder Metronidazol mit Clarithromycin und einem Protonenpumpeninhibitor versucht, den Krankheitserreger im Körper zu eliminieren. Doch schon häufig ist die Eradikation nicht mehr erfolgreich, da sich antibiotikaresistente Stämme des *H. pylori* besonders gegen Metronidazol gebildet haben. Die Resistenzen gegen diese Antibiotika liegen bei 10 – 50 % in Europa.[41] Eine Suche nach anderen Antibiotika bzw. anderen Behandlungsmethoden ist dringend erforderlich.

Wie viele andere Bakterienarten unterliegt auch *H. pylori* einer Hitzeschockantwort und die Hitzeschockproteine spielen eine entscheidende Rolle bei der Pathogenese von *H. pylori* vermittelten Gastritis.[42] Es ist wichtig, neue

---

39 Tsutsumia, S. et al. (2012)

40 Wade, M. (2005)

41 Megraud, F. (1998)

42 Homuth, G. et al. (200)

Ansätze der Krankheitsbekämpfung zu entwickeln. Die Hauptthitzeschockproteine in *H. pylori* sind GroES/GroEL, DnaK und HtpG.[43]

2.3 Hitzeschockproteine als Target zur Krankheitsbekämpfung

In Abbildung 6 ist das komplexe Proteostasis Netzwerk, das über 800 Proteine in humanen Zellen beinhaltet, dargestellt.[44] Proteostasis ist ein Kunstwort, das sich aus Protein und Homöostase zusammensetzt. Das Proteostasis Netzwerk gewährleistet ein gesundes Altern, Aufrechterhaltung der Homöostase in den Zellen und Beständigkeit gegenüber Umwelteinflüssen oder Krankheitserregern. Durch das Netzwerk ist eine gesunde Entwicklung der Zellen gesichert. Ca. 180 Chaperone und Co-Chaperone, 600 Proteine des Ubiquitin-Proteasome System (UPS) und 30 Komponenten der Autophagozytose sind bei dem Aufrechterhalten des Proteosoms beteiligt. Sie steuern die Biogenese, das Falten, das Transportieren und den Abbau von Proteinen. 20 – 30 % der Proteine in Säugetierzellen sind unstrukturiert und gehen ihre dreidimensionale Struktur nur ein, wenn sie an andere Makromoleküle oder Membranoberflächen gebunden sind. Sie sind auf die Anwesenheit von Chaperonen angewiesen. Krankheiten entstehen unter anderem dadurch, dass das Proteostasis Netzwerk nicht mehr intakt ist. Es kommt entweder zur übermäßigen Proteinfehlfaltung und/oder Proteinaggregation oder durch den Abbau von Proteinen zu einem Verlst der Phänotypen. [45]

Die Hitzeschockproteine sind auch in das Netzwerk eingebunden und stellen ein wichtiges Target zur Krankheitsbekämpfung dar. Sie sind in den letzten Jahren immer mehr in den Vordergrund zur Bekämpfung von Krebs, Malaria oder anderen pathogenen Mikroorganismen gerückt. Aktuell wird versucht, das ubiquitär vorkommende humane Hsp90α Protein in Krebszellen zu inhibieren, da es den Onkoproteinen hilft, sich richtig zu falten und somit die

---

[43] Chen, B. et al. (2006)

[44] Hartl, F. U. et al. (2011)

[45] Hartl, F. U. et al. (2011)

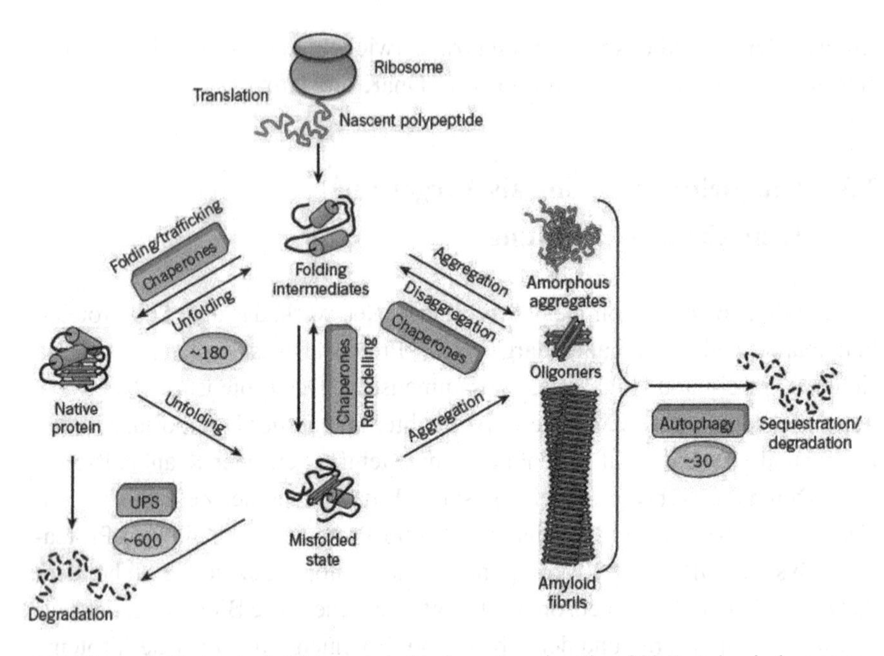

Abbildung 6: Proteostasis Netzwerk in Eurkaryoten, das über 800 Proteine in humanen Zellen beinhaltet.[46]

Proliferation von Tumorzellen ermöglicht In Krebszellen ist die Konzentration von Hsp90α erhöht. In Krebszellen ist die Konzentration von Hsp90α erhöht. Außerdem sind viele seiner Substrate Kinasen mit elementaren Aufgaben bei der Tumorentwicklung. In gesunden Zellen faltet Hsp90α de novo synthetisierte Proteine in ihre Sekundärstrukturen und beim extremen Umgebungsstress wie Hitze repariert es fehlgefaltete Proteine, sodass diese nicht degradieren. Bei Zellstress wird es vermehrt synthetisiert und für die Zelle ist die Methode des Recycelns der degradierten Proteine energieeffizienter als die Synthese neuer Proteine. Ca. 350 der sehr vielfältigen Klientenproteine sind bekannt, darunter Proteine der Signal-transduktion, Zellteilung und des Zellwachstums, sowie auch Rezeptoren für Steroidhormone und Transkriptionsfaktoren. Viele seiner Klienten sind onkogene Proteinkinasen, die durch ihre

[46] Hartl, F. U. et al. (2011)

Überaktivität zu einem unkontrolliertem Wachstum sowie Vermehrung der Zelle und zu einem malignen Tumor führen.[47]

Wohl einer seiner wichtigsten Klienten ist das Tumorsupressorprotein p53. Es verhindert in der Zelle das Entstehen von Krebs. Hsp90α wird unter anderen in Verbindung mit Brustkrebs, Leukämie und Bauchspeicheldrüsenkrebs gebracht. Sind DNA-Schäden vorhanden, verhindert p53 die Teilung der Zelle und aktiviert Reparaturmechanismen zur Schadensbekämpfung. Bei einer großen Anzahl an Erbgutschäden leitet das Protein den kontrollierten Zelltod, die Aptoptose ein, und verhindert eine Tumorentstehung. Hsp90α bindet an p53 und erhält es in seiner funktionellen Form, sodass das Tumorsupresorprotein an die DNA binden kann. Das Problem ist, dass Hsp90α nicht nur intaktes sondern auch mutiertes p53 binden kann. Sind beide Formes des p53 in der Zelle vorhanden, bindet das mutierte p53 wiederum an aktives p53, sodass es inaktiviert wird und ein Tumor entstehen kann. Die mutierten Varianten von p53 sind instabiler als das ursprüngliche p53, sodass sie das Chaperon Hsp90α dringend benötigen um nicht abgebaut zu werden. Wird das Hsp90α Protein inhibiert, ist das mutierte p53 nicht mehr stabil und wird abgebaut, die Aktivität des intakten p53 überwiegt. Außerdem werden auch andere Okoproteine nicht mehr von Hsp90α gebunden. Es bilden sich entweder inaktive Proteinaggregate oder die Proteine degradieren und die potenzielle Krebszelle leitet die Apoptose ein. Die Entwicklung eines Tumors wird verhindert.[48]

Der erste bekannte Inhibitor für das Hsp90α ist Geldanamycin aus *Streptomyces hygroscopicus*. Geldanamycin (Abb. 7) gehört zu der Klasse der benzochinoiden Ansamycine und ist antimikrobiell. Es bindet an die N-terminale ATP-Bindedomäne und blockiert die Funktion von der ATPase von Hsp90α Geldanamycin hat eine 100x höhere Affinität zur ATP-Bindestelle als ATP. Das Protein bleibt in seiner ADP-gebundenen Konformation und kann kein Klientenprotein mehr binden. Das Chaperon ist inaktiv und die Zielproteine werden ubiquitiert und über das Proteasomsystem von der Zelle abgebaut.[49]

---

[47] Samant, R. S. et al. (2012)

[48] Hagn, F. et al. (2011)

[49] Hahn, J.-S. (2009)

Da Geldanamycin stark toxisch ist, wurden Derivate entwickelt. Zwei Beispiele sidn 17AAG und 17DMAG. Sie unterscheiden sich von Geldanamycin an der Position 17. Die Methoxygruppe wurde einerseits durch eine Allylamino-Gruppe und anderseits durch eine Dimethylaminoethylamino-Gruppe ausgetauscht. Dadurch soll eine bessere Löslichkeit und orale Bioverfügbarkeit erreicht werden. 17AAG ist seit 2005 in Phase I und II der klinischen Studien. Dennoch ist das therpeutisches Fenster der Hsp90α Inhibitoren sehr eng.[50]

MILLSON ET AL. zeigten 2011, dass das HtpG aus *S. hygroscopicus* keine detektierbare Bindung zu Geldanamycin, 17AAG oder zum stukturell ähnlichen Macbecin, das auch zur Ansamycinklasse gehört, aufweist. Dies ließ sich durch Unterschiede in der ATP-Bindungstasche im Vergleich zur humanen Hsp90α ATP-Bindungstasche erklären. Ein weiterer natürlicher Hsp90α Inhibitor ist Radicicol, welches aus den Pilzen *Monocillium nordinii* und *Monosporium bonorden* isoliert wurde. Leider besitzt das Molekül eine geringe Stabilität und ist nicht zur Medikation bei einer Krebserkrankung einsetzbar.[51] Es

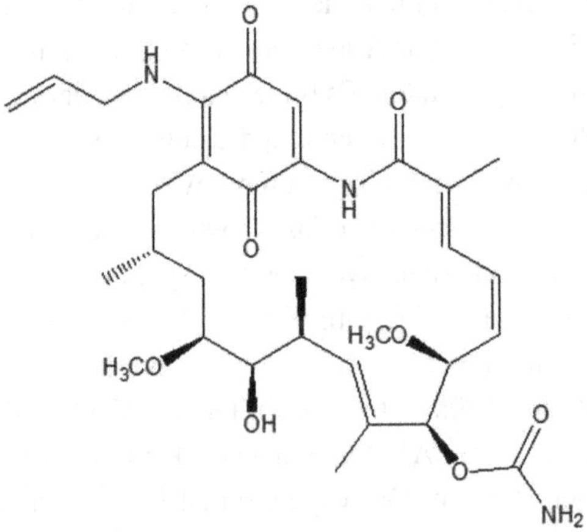

Abbildung 7: Keilstrickformel von Geldanamycin (R = OMe) und klinisch relevante Ansamycine; 17AAG (R = $NHCH_2CHCH$) und 17DMAG (R = $NHCH_2CH_2NMe_2$).

[50] Zapf, E. et al. (2011)

[51] Li, Y. et al. (2006)

wird versucht anhand der natürlichen Inhibitoren, neue Moleküle rein synthetisch sowie mutasynthetisch zu entwickeln, die optimierten Eigenschaften besitzen.

Nicht nur an humanen Hsp90α wurden Inhibierungsversuche durchgeführt, sondern auch am Erreger von Malaria *Plasmodium falciparum* an Mäusen. Es wird versucht ein anti-parasitisches Medikament zu finden, um Plamodiuminfektionen zu hemmen und das Wachstum zu stoppen. PALLAVI ET AL. (2010) konnten nachweisen, dass das Hitzeschockprotein Hsp90α von *P. falciparum* Geldanamycin und 17AAG sehr effektiv mit einem IC_{50}-Wert von 20 nM bindet und dies eine Verminderung des Erregers in einer menschlichen Erythrozytenkultur zur Folge hatte.[52] Es stellt sich die Frage, ob auch bei bakteriellen Erkrankungen wie der *H. pylori*-vermittelten Gastritis eine Inhibierung von HtpG als therapeutischer Ansatz sinnvoll erscheint. Zuerst sollte überprüft werden, ob das bakterielle Hitzeschockprotein Geldanamycin oder einer seiner Derivate binden kann. Bisher wurden noch keine Versuche zur Inihibierung des HtpG aus an *H. pylori* durchgeführt.

[52] Pallavi, R. et al. (2010)

3 Praktischer Teil

Ziel der Arbeit ist es ein bakterielles Hitzeschockprotein herzustellen und zu charakterisieren. Die Bindungseigenschaften der ATP-Bindetasche des HtpG aus *H. pylori* sollten mit dem des humanen Hsp90α auf potentielle Inhibitoren im Protein-Microarray-Format verglichen werden. Die Arbeit ist in zwei Teile unterteilt.

Teil I:

- Bereitstellung und Vervielfältigung des *htpg* Gens aus *H. pylori*
- Klonierung des *htpg* Gens in einen pET SUMO Vektor
- Transformation des Plasmids in *E. coli* BL21-Zellen
- Proteinsynthese und anschließende Proteinaufreinigung

Teil II:

- Entwicklung eines kompetitiven Verdrängungsassay mit Inhibitoren für Hitzeschockproteine in Microarray-Format
- Screening von potentiellen Inhibitoren für Hitzeschockproteine

3.1 Produktion des Hitzeschockproteins HtpG aus *H. pylori*

Im ersten Teil der Arbeit sollte das Hitzeschockprotein HtpG aus *H. pylori* als rekombinantes Protein hergestellt werden. Zuerst muss das *htpg* Gen aus der *H. pylori* DNA isoliert werden. Die vollständige DNA von *H. pylori* wurde am Leibniz-Institut DSMZ - Deutsche Sammlung von Mikroorganismen und Zellkulturen GmbH bestellte. Anschließend sollte die DNA des *htpg* Gens in das Champion™ pET SUMO Protein Expression System kloniert werden. Der konstruierte Vektor sollte in ein passendes Expressionskunstrukt überführt werden, um rekombinates Protein in *E. coli* zu erzeugen und aufzureinigen.

3.1.1 Bioinformatische Vorarbeiten

Bevor die molekularbiologischen Arbeiten begonnen werden konnten, wurden bioinformatische Informationen bezüglich des HtpG aus *H. pylori* gesammelt. Somit konnten Vermutungen aufgestellt werden, ob sich das HtpG bezüglich der Bindung von Geldanamycin und den Geldanamycin-Analogen als Inhibitoren wie das humane Hsp90α verhält oder ob es wie das HtpG aus *Streptomyces hygroscopicus* Geldanamycin nicht bindet.

Zuerst wurde die ATP-Bindetasche der N-terminalen Domäne des humanen Hsp90α untersucht und wechle Aminosäuren relevant für die Bindung des Liganden sind (ATP bzw. Geldanamycin). Nach MILLSON ET AL. (2011) sind die folgend aufgeführten Aminosäuren wichtig für die Bindung von ATP/ Geldanamycin in der ATP-Bindetasche. Sie können entweder Van-der-Waals-Bindungen, Wasserstoffbrückenbindungen mit den Liganden oder hydrogene Bindungen mit Wasser eingehen.[53]

- Van-der-Waals-Bindungen: N51, D54, A55, I96, M98, D102, N106, L107, V150
- Wasserstoffbrückenbindungen: K58, D93, F138
- Hydrogene Bindungen mit H_2O: G97, T184

Außerdem ist die ATP-Bindetasche in einer dreidimensionalen Ansicht in der Abbildung 8 gezeigt. Es wurde ein Alignment der N-terminalen Domäne des humanen Hsp90α mit ATP und Geldanamycin als Liganden mit der PyMOL Grafiksoftware durchgeführt. Die wichtigsten Aminosäuren sind in beiden Proteinen gelb hervorgehoben und in Abbilung 8b beschriftet. Es ist zu erkennen, dass die unterschiedlichen Liganden die Orientierung der Aminosäuren beeinflussen. Bei dem HtpG-Protein aus *S. hygroscopicus*, das als Nicht-Binder von Geldanamycin bekannt ist, werden vor allem Veränderungen in den Positionen 58, Lysin zu Arginin (K58R) und 112,Lysin zu Asparagin (K112N)

[53] Millson, S. et al. (2011)

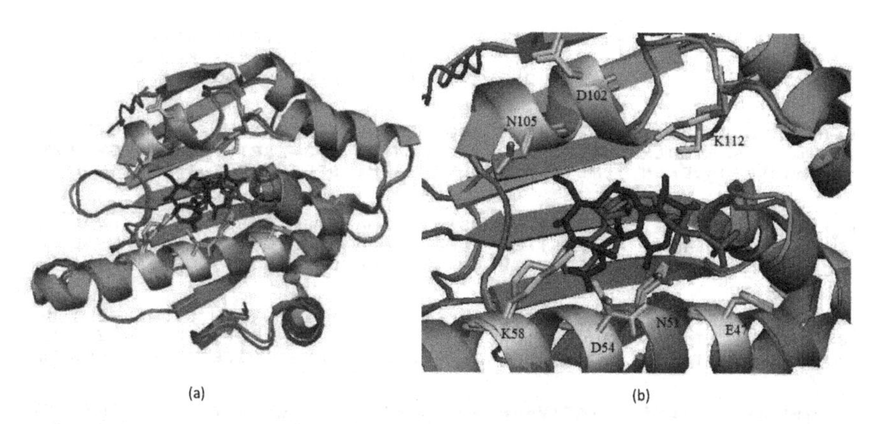

Abbildung 8: Dreidimensionale Darstellung der N-terminalen ATP-Bindetasche des humanen Hsp90α mit Geldanamycin (dunkelgrün, PDB ID 1YET, Geldanamycin blau) und ATP (hellgrün, PDB ID 3T0Z, ATP rot) als Liganden. Das Alignement wurde mit der Grafoksoftware PyMol (DeLano Scienctific LLC) entworfen. Geld hervorgehoben sind die Aminosäuren, die mit den Liganden Wechselwirkungen eingehen. (a) Vollständige N-terminale Domäne. (b) ATP-Bindetasche vergrößert. Beschriftung der wichtigsten Aminosäuren für die Ligandenbidnung.

für das Nichtbinden von Geldanamycin verantwortlich gemacht. Das humane Hitzeschockprotein bildet mit Geldanamycin in diesen Positionen Wassestoffbrückenbindungen aus und stabilisiert den Chinonring von Geldanamycin. Das Molekül wird in der Bindungstasche gehalten. Dies konnten MILLSON ET AL (2011) in Cokristallisationen von Hsp90α mit Geldanamycin nachweisen. Außerdem vermuteten sie, dass eine Veränderung von Valin zu Methionin in der Position 150 (V150M) die Bindung von Geldanamycin hemmt. Auch ZAPF ET AL. (2011) zeigten, dass Wassermoleküle für die Bindung von Geldanamycin in the ATP-Bindetasche von großer Bedeutung sind.[54, 55, 56] Danach wurde ein Alignment mit den Proteinsequenzen der NTD von Hsp90α aus *Homo sapiens*, HtpG aus *S. hygroscopicus* und HtpG aus *H. pylori* durchgeführt, um die relevanten Aminosäuren für die Bindung von Geldanamycin in der ATP-Bindetasche vergleichen zu können (Abb. 9). Die relevanten Amino-

---

[54] Zapf, C. et al. (2011)

[55] Pallavi, R. et al. (2010)

[56] Millson, S. et al. (2011)

```
Hs_Hsp90 MPEETQTQDQ PMEEEEVETF AFQAEIAQLM SLIINTFYSN KEIFLRELIS 50
 Sh_HtpG MTTG------ ------VETF EFQVEARQLL QLMIHSIYSN KDVFLRELIS 38
 Hp_HtpG MSN------- -------QEY TFQTEINQLL DLMIHSLYSN KEIFLRELVS 36

Hs_Hsp90 NSSDALDKIR YESLTDPSKL DSGKELHINL IPNKQDRTLT IVDTGIGMTK 100
 Sh_HtpG NASDALDRLR LESLRDGNLQ ADTSDLHITV EVDKESRTLT VRDNGIGMSH 88
 Hp_HtpG NASDALDKLN YLMLTDEKLK GLNTTPSIHL SFDSQKKTLT IKDNGIGMDK 86

Hs_Hsp90 ADLINNLGTI AKSGTKAFME ALQ----AGA DISMIGQFGV GFYSAYLVAE 146
 Sh_HtpG DGVVELIGTI ANSGTATFLK ELRESKDAAA SADLIGQFGV GFYSSFMVAD 138
 Hp_HtpG NDLIEHLGTI AKSGTKNFLS AL--SGDKKK DSALIGQFGV GFYSAFMVAS 134

Hs_Hsp90 KVTVITKHND DEQYA-WESS AGGSFTVRTD TGEPMGRGTK VILHLKEDQT 195
 Sh_HtpG EVTMLTRHAG ESQGTRWISS GEGTYTLEPA DDAP--QGTS VTLKLKPEDT 186
 Hp_HtpG KIVVQTKKVN SDQAYAWVSD GKGKFEISEC VKDE--QGTE ITLFLKDEDS 182

Hs_Hsp90 E-----YLEE RRIKEIVKKH SQFIGYPITL FVEKERDKEV SDDEAEEKED 240
 Sh_HtpG EDHLYDYASP WKIREIIKQH SDFITWPIRM ---APAQAPV TTDETDEAEQ 233
 Hp_HtpG H-----FASR WEIDSVVKKY SEHIPFPIFL ---------T YTDTKHEGEG 218
```

Abbildung 9: Alignment der Proteinsequenzen von Hs_Hsp90: Hsp90α aus *Homo sapiens* (N-terminale Domäne, AS: 22-240), Sh_HtpG: HtpG aus *Streptomyces hydroscopicus*, Hp_HtpG: HtpG aus *Helicobacter pylori.* Umrandet sind die Aminosäuren, die relevant für die Bindung des Liganden sind. Download der Proteinsequenzen: NCBI, verwendetes Programm zur Darstellung: CLC Sequenze Viewer.

säuren wurden umrandet. Es ist zu erkennen, dass für *H. pylori* zwei und für *S. hygroscopicus* sechs Aminosäureaus-tausche im Vergleich zum humanen Hitzeschockprotein stattfanden. Bei *S. hygroscopicus* handelt es sich in fünf Positionen um Aminosäuren von denen bekannt ist, dass sie Van-der-Waals-Bindungen mit dem Geldanamycinmolekül eingehen (K58R, D102G, N106L, L107I, V150M). Die letzte veränderte Position des Hsps geht im *H. sapiens* eine Wasserstoffbrückenbindung mit dem Inhibitor ein (D176A). Durch die starken Veränderungen der Aminosäuren in der ATP-Bindetasche kann *S. hygroscopicus* Geldanamycin nicht binden. Das HtpG von *H. pylori* hat an Position 106 ein Histidin statt Asparagin und an Position 176 ein Cystein statt Alanin. Es ist noch nicht bekannt, welche Auswirkungen diese Veränderungen auf die Bindefähigkeit des Proteins von Geldanamycin oder anderen Inhibitoren haben. Beim humanen Hsp90α bildet das Asparagin Van-der-Waals-Kräfte, die mit steigender Unpolarität des Aminosäurenrestes stärker werden. Somit sind sie bei Asparagin stärker ausgebildet als bei Lysin.

Außerdem wurde die Hydropathie der NTD der drei untersuchten Kandidaten verglichen, da auch hydrophobe Bindungen mit verantwortlich für die Bindung von Geldanamycin bzw. Inhibitoren in der ATP-Bindetasche sind. Die Abbildung 10 zeigt den Hydropathie-Index nach KYTE & DOOLITTLE als Funktion der Aminosäuresequenzen der Proteine. Je höher der Score, desto größer die Hydrophobizität des entsprechenden Bereichs. Die Erstellung der Hydropathie-Indizes erfolgte in ExPASy ProtScale. Die Aminosäuresequenz ist induziert nach KYTE & DOOLITTLE, jeweils mit einer Fenstergröße von neun. Anschließend wurden die Graphen in Origin zusammengefasst.Der Hydropathieplot des humanen Hsp90α ist schwarz, der des HtpG aus *H. pylori* magenta und der des HtpG aus *S. hygroscopicus* blau in der Abbildung 10 dargestellt. Es ist zu erkennen, dass im Bereich der Aminosäuren 120 - 140 die Hydrophobität von HtpG aus *H. pylori* sehr stark des HtpG aus *S. hygroscopicus* gleicht. Sie ist sehr viel geringer als die des humanen Hsp90α Dieser Bereich der Aminosäuren liegt tief in der N-terminalen Domäne und hat wahrscheinlich Auswirkungen auf die Bindung von Geldanamycin. Ansonsten verläuft der Graph von *H. pylori* ausgeglichen zwischen den beiden anderen Graphen und es sind eher kleinere Unterschiede in der Hydrophatie festzustellen. Am Ende der NDT zwischen den Positionen 210 - 240 geht die Hydrophatie zwischen *S. hygroscopicus* und *H. pylori* bzw. *H. sapiens* auseinander.

Anhand des Proteinalignment kann vermutet werden, dass sich HtpG aus *H. pylori* in seinen Bindungseigenschaften eher wie das Hsp90α aus *H. sapiens* verhält, da es in den relevanten Aminosäuren in der ATP-Bindetasche nur zwei Austausche hat. Doch auch schon zwei veränderte Aminosäuren können ausschlaggebend sein. Im Hydropathieplot sieht es so aus, als ob das HtpG eher nicht Geldanamycin bindet. Im Inneren der ATP-Bindetasche sind die Hydropathien sehr viel geringer als bei dem humanen Hsp90α. Es kann keine konkrekte Vermutung über die Bindungseigenschaften aufgestellt werden.

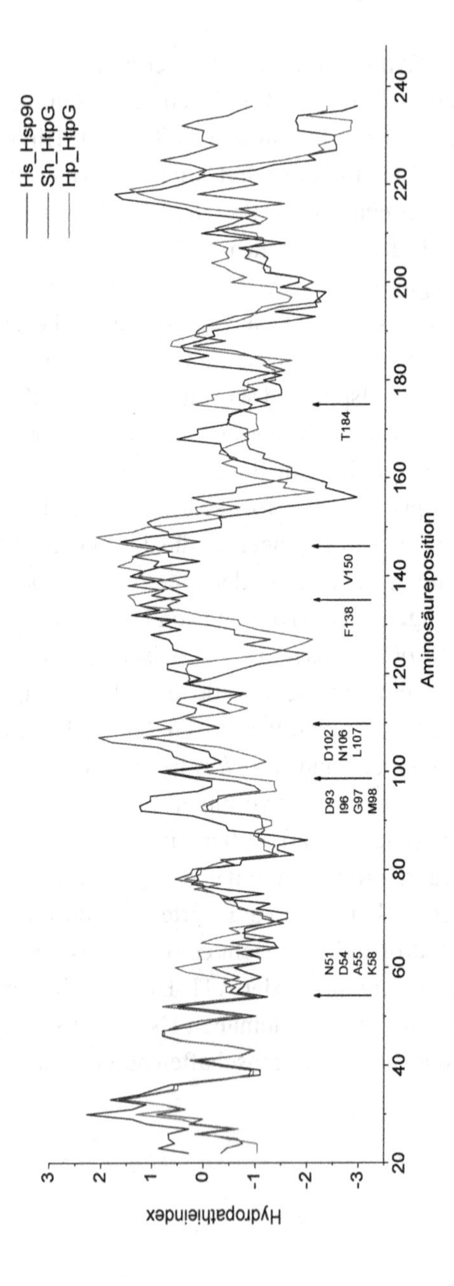

Abbildung 10: Hydropathieindex nach KYTE & DOOLITTLE als Funktion der Aminosäuresequenz von Hs_Hsp90 (schwarz): Hsp90α aus *Homo sapiens*, Sh_HtpG (blau): HtpG aus *Streptomyces hygroscopicus*, Hp_HtpG (magenta): HtpG aus *Helciobacter pylori*. Es wurden für den Hydropathieplot homologe Bereiche der N-terminalen Domäne verwendet (1-240 AS).

3.1.2 Interaktion von HtpG mit anderen Proteinen

Desweiteren wurde mit Hilfe von STRING (search tool for the retrieval of interacting genes/proteins), einer bioinformatischen Online-Datenbank, die direkten (physikalischen) und indirekten (funktionellen) Zusammenhänge und Interaktionen zwischen HtpG aus *H. pylori* mit anderen Proteinen veranschaulicht (s. Abb. 11). Die Daten werden aus genomischen Zusammenhängen der Proteine, aus high-throughput Experimente, aus konservierten Coexpressionen und aus vorherigem Wissen bezogen. Es wird ein Konfidenz-Score mit angegeben. Ein Score über 0,9 lässt deutlich auf einen Zusammenhang zwischen den Proteinen schließen.

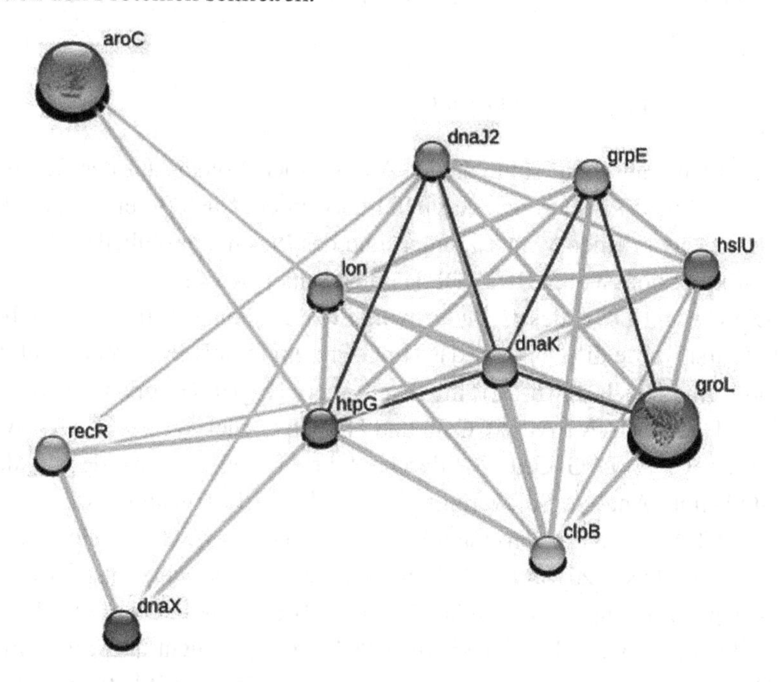

Abbildung 11: Protein-Interaktionen mittels STRING ermittelt. Dank: Chaperon Dank (Score 0,945), groL: Chaperon (Score 0,933), clpB: Hitzeschockprotein, ATP bindene Proteaseuntereinheit (Score 0,894), Lon: ATP abhängige Protease La (Score 0,777), recR: Rekombinantes Protein RecR (Score 0,742), DnaJ2: Chaperon DnaJ (Score 0,737), grpE: GrpE, Hsp70-Cofaktor (Score 0,683), dnaX: DANN Polymerase III gamma und tau Untereinheit (Score 0,680), hslU: ATP abhängige Protease ATP bindene Untereiheit HslU (Score 0,661), arc: Chorismat Synthase (Score 0,656)

Mit dem Programm wurde gezeigt, dass die Chaperone DnaK und DnaJ2 direkte Interaktionen mit HtpG haben. Sie gehen untereinander Bindungen ein und sind auch bei der Hitzeschockantwort mit einbezogen. Die direkten Interaktionen zwischen den Proteinen sind mit dunkelblauen Linen veranschaulicht. Die anderen Proteine wie GroL und ClpB, die mit HtpG in den Zusammenhang gebracht wurden, haben eine ähnliche Funktion oder kommen im gleichen Stoffwechselweg vor. Viele sind Hitzeschockchaperone oder besitzen wie HtpG eine ATP-Bindestelle. In dieser Abbildung wurde die Interaktoren auf zehn beschränkt. Wenn die Nummer der Nachbarn auf 50 erhöht wird, ist die Reichweite der Interaktion des HtpG zu anderen Proteinen ist beeindruckend. Sie spielen eine ganz entscheidene Rolle in der Zelle und sind lebensnotwendig.

3.1.3 Klonierungsarbeiten mit HtpG

In diesem Unterabschnitt sollte die DNA des HtpG-Proteins aus der Gesamt-DNA des *H. pylori* isoliert und vervielfältigt werden. Nach Bereitstellung der DNA sollte sie in einen Vektor kloniert und das Plasmid anschließend in den *E. coli*-Expressionsstamm BL21(DE3) transformiert werden.

Die Gesamt-DNA des *H. pylori* wurde beim Leibniz Institut DSMZ bestellt. Zuerst wurde die DNA für das HtpG-Protein mittels PCR vervielfältigt. Es wurde eine Touch-down-PCR mit den Primern Hp_HtpG-vorwärts (5' ATG TCT AAT CAA GAA TAC ACC 3') und Hp_HtpG-rückwärts (5' CTA CAA CGC CTT CAA TAG CAC 3') durchgeführt. Die Primer wurde mit der OLIGO Primer Analyse Software gestaltet und bei Life Technologies, Carlsbad, CA, USA bestellt. In den ersten Versuchen wurde versucht mit einer Standard-PCR die DNA zu vervielfältigen. Doch es wurden viele unspezifische DNA-Sequenzen amplifiziert, sodass sich eine Touchdown-PCR als erfolgreichere Methode erwies. Die Touchdown-PCR Methode dient dazu, dass Primer-Dimere und Artefakte verringert werden und die Amplifikatmenge extrem gesteigert wird. Vor die eigentliche PCR werden Zyklen geschaltet, in denen die Primer Annealing-Temperatur von einer höheren Temperatur ausgehend an die Annealing-Temperatur angenähert wird.

Das Programm für die PCR war auf Grund der Touchdown-PCR in zwei Teile unterteilt. Im Abbschnitt B.1 ist das vollständige Programm aufgeführt.

Für die finale Elongation wurde eine halbe Stunde gewählt, da die DNA des Proteins mit 1866 bp ein großes Oligonukleotid ist und sicher gegangen werden sollte, dass die verbleibende einzelsträngige DNA am Ende auch vervollständigt wurde. Zu erwähnen ist, dass zusätzlich zu dem Standard-PCR-Mix noch 0,5 µL *Pfu*-DNA-Polymerase dazugegeben wurde, sodass die Wahrscheinlichkeit passender PCR-Produkte erhöht wurde.

Zur Auftrennung der DNA sowie zur Kontrolle der erfolgreichen PCR wurde eine Agarosegelelektrophorese durchgeführt. Das generierte PCR-Fragment des Proteins HtpG ist 1866 bp groß und wurde auf der richtigen Höhe zum Marker fokussiert (Daten nicht gezeigt). Das Fragment wurde aus dem Agarosegel herausgeschnitten und mit dem QIAquick Gel Extraction Kit nach den Angaben des Herstellers wiedergewonnen. Dieser Reinigungsschritt entfert die Primer, Nukleotide, Enzyme, Salze, Agarose und Ethidiumbromid, sodass die DNA danach in bidestillierten Wasser vorliegt. Die Konzentration der DNA wurde mittels eines NanoDrop Spectrophotometers gemessen und betrug 112,26 $ng \cdot \mu L^{-1}$.

Die anschließende Klonierung und Expression wurde mit dem Champion™ pET SUMO Protein Expression System durchgeführt. Abbildung 12 zeigt schematisch das Klonierungskonstrukt nach erfolgreicher Ligation. Das Plasmid ist 7509 bp groß. Der pET SUMO Vektor benutzt ein Ubiquitin-ähnliches modifiziertes Protein (SUMO). SUMO ist das Smt3 Protein aus *Saccharomyces cerevisiae* und ist 11 kDa groß. Es erhöht die Expression, verbessert die Löslichkeit des rekombinaten Proteins und erleichtert die Aufreinigung bzw. Generierung eines nativen Proteins in *E. coli.* Das N-terminale Histidinhexamer des Vektors dient der Detektion und Aufreinigung des Fusionsproteins mittels Affinitätschomatographie mit Metallionenchelaten wie Ni^{2+}-NTA als Ligand. Es gewährleistet eine schnelle und effiziente Aufreinigung. Danach lässt sich das SUMO-Fusionsprotein leicht entfernen, da der Vektor eine SUMO Proteaseschnittstelle besitzt. Die SUMO Protease (Ulp) schneidet spezifisch das SUMO Protein ab. Außerdem besitzt der Vektor einen *lac* Promotor, der vor der Multiple Cloning Site liegt, sodass die Expression des gewünschten Gens durch ITPG induziert werden kann und eine starke Expression in *E. coli* stattfindet. Darüber hinaus besitzt der Vektor ein Kanamycin Resistenzgen für die Selektion in *E. coli.*

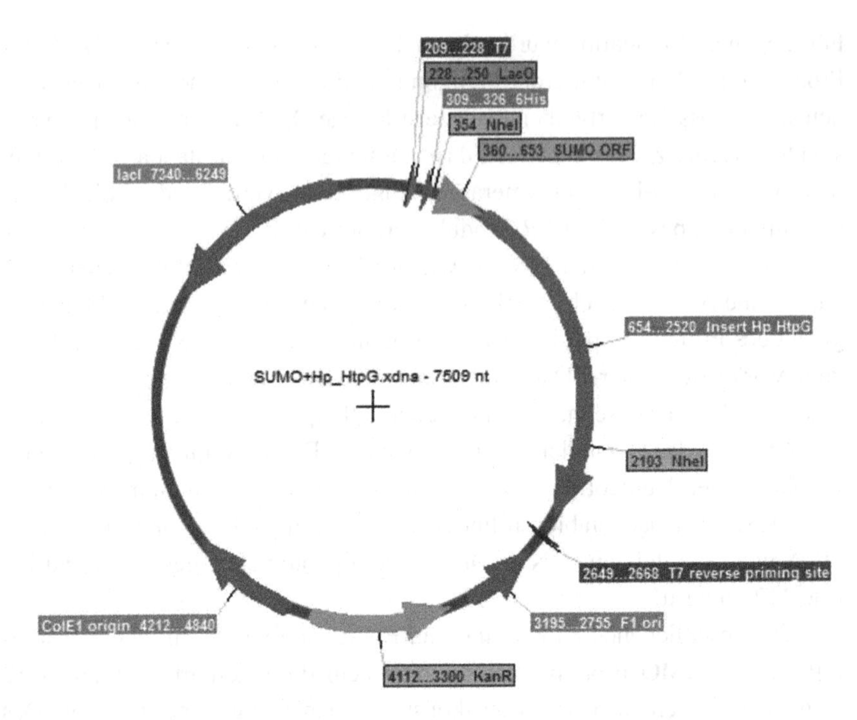

Abbildung 12: Plasmidkarte des Vektors pET SUMO mit HtpG aus *H. pylori* als Insert. Verwendetes Programm: Serial Cloner.

Bei dem pET SUMO Vektor handelt es sich um einen TA-Klonierungsvektor. Er hat eine TA Cloning® Stelle für eine effiziente Klonierung des *Taq*-amplifizierten PCR-Produkts in den Vektor. Die *Taq*-Polymerase hängt bei der Amplifikation der PCR immer ein zusätzliches Desoxyadenosin (A) an das 3'-Ende des synthetisierten Strangs. Der linearisierte Vektor besitzt ein Desoxythymidin (T) am 3'-Ende, sodass das PCR-Produkt direkt mit dem Vektor ligieren kann.

Für die Ligation wurden der Vektor und das Insert in einem molaren Verhältnis von 1:2,5 verwendet. Das vollständige Protokoll ist in Abschnitt B.4 zu finden. Die verwendete T4 Ligase verknüpft unter ATP-Verbrauch freie 3'-OH-Enden mit 5'-Phosphatresten unter Ausbildung von Phosphodiesterbindungen. Die Ligation erfolgte über Nacht bei 16 °C.

Abbildung 13: LB-Agarplatte mit *E.coli*-Kolonien (dunkleren Punkte) nach der Transformation von BL21(DE3) One Shot® Chemically Competent *E. coli* Zellen und dem Vektor pET SUMO mit HtpG aus *H. pylori* als Insert.

Am nächsten Tag wurden 3 µL des Ligationsansatzes für die Hitzeschocktransformation in BL21(DE3) One Shot® Chemically Competent *E. coli* Zellen verwendet. Die Transformation wurde nach dem Protokoll des Champion™ pET SUMO Protein Expression System durchgeführt. Am darauf folgenden Tag waren ca. 40 Kolonien auf der Agarplatte gewachsen (s. Abb. 13) zehn Kolonien wurden gepickt und in jeweils LB-Medium mit Kanamycin angezogen.

Zur Überpüfung der Klone wurden eine PCR und ein Restriktionsenzymverdau mit *Nhe*I durchgeführt. Zuvor wurden die Plasmide mit dem Wizard® Plus Minipreps DNA Purification System von Promega nach Angaben des Herstellers aufgereinigt. Die Touchdown-PCR wurde wie im Anhang beschrieben durchgeführt und auf ein Agarosegel aufgetragen. In Abbildung 14 ist das Ergebnis dargestellt. Es ist zu erkennen, dass in der neunten Tasche des Gels eine PCR-Bande zwischen 1500 und 2000 bp liegt. Die Bande ist deutlich sichtbar und es kann auf eine erfolgreiche PCR geschlossen werden. Die anderen gepickten Proben waren falsch positive Kolonien. In den Taschen können eindeutige Banden dem PCR-Mix zugeordnet werden.

Um sicher zu gehen, ob das *htpg* Insert in korrekter Orientierung in den Vektor kloniert wurde, muss ein Restriktionsenzymverdau mit einer Endonuklease durchgeführt werden. Die Endonuklease des Typs II schneidet spezifisch

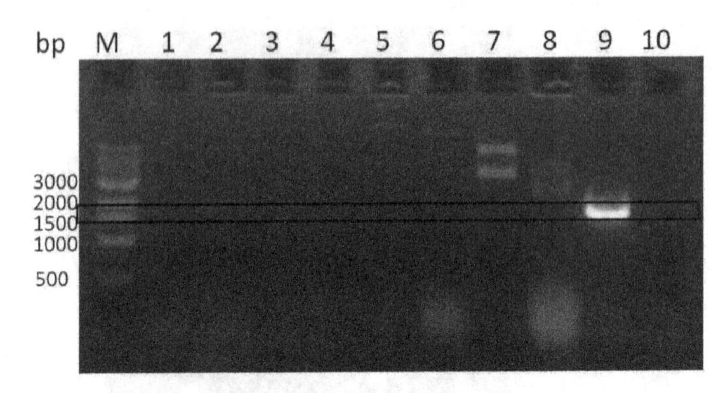

Abbildung 14: Ergebniss der Touchdown-PCR von den gepickten *E.coli*-Klonen nach der Übernacht-Kultivierung. M: GeneRuler™ 1 kb DNA Ladder (Fermentas, St. Leon-Rot), 1-10: Zehn PCR-Produkte von verschiedenen Plasmiden.

doppelsträngige DNA. Als Restriktionsenzym diente *Nhe*I. Es hat zwei Schnittstellen im Vektor, eine im Insert und eine außerhalb des Vektors. In der Abbildung 12 sind die Schnittstellen von *Nhe*I eingezeichnet. Über die Größe der entstehenden Fragmente kann entschieden werden, ob das Insert die richtige Orientierung im Vektor besitzt. Die entstehenden Fragmente nach dem Restriktionsenzymverdau sollten 1749 bp und 5760 bp groß sein. Ist das Insert falsch herum in den Vektor hinein kloniert worden, sollten die Fragmente 717 bp und 6792 bp groß sein. Die Konzentration des Plasmids wurde am Photometer gemessen und betrug 48,85 ng·µL^{-1}. Der Restriktionsenzymverdau zeigte im Agarosegel, dass das Insert richtig herum in dem pET SUMO Vektor kloniert wurde (Daten werden auf Grund der schlechten Fotoqualität nicht gezeigt).

Anschließend wurde erneut 20 mL der Kultur mit der positiven Kolonie aufgereinigt und in 100 µL dest. Wasser aufgenommen. Die Konzentration der Plasmidlösung betrug 96,55 ng·µL^{-1} und das gereinigte Plasmid konnte zum Sequenzieren zu Eurofins MWG Operon, Ebersberg, DE geschickt werden. Die Sequenzierungsprimer wurden von der Firma hergestellt.

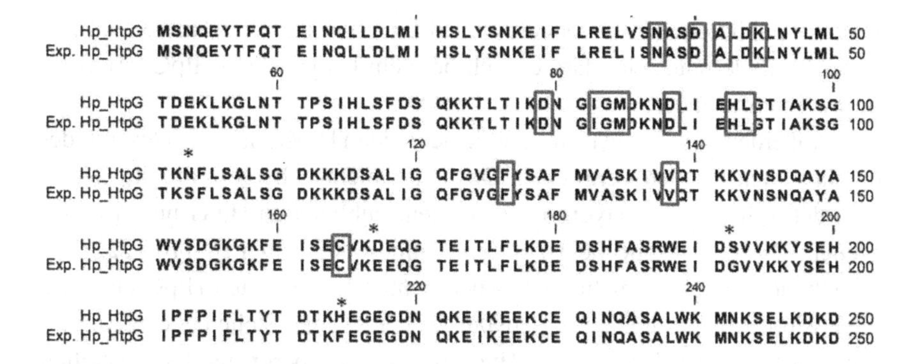

Abbildung 15: Alignment der Proteinsequenzen von Hp_HtpG: HtpG aus H. pylori und Exp. Hp_HtpG: Experimentell hergestelltes HtpG aus *H. pylori*. Umrandet sind die Aminosäuren, die relevant für die Bindung des Liganden sind. Unterschiede in den Sequenzen wurde mit einem Stern markiert. Download der Proteinsequenz für Hp_HtpG bei NCBI (CAX28758), verwendetes Programm zur Darstellung: CLC Sequenz Viewer.

Es wurde als Vorwärtsprimer SUMO Forwards (5´-AGA TTC TTG TAC GAC GGT ATT AG-3') und als Rückwärtsprimer T7 Reverse (5´-TAG TTA TTG CTC AGC GGT GG-3´) gewählt. Die Sequenzierergebnisse wurden mit der publizierten DNA für das HtpG aus *H. pylori* (www.ncbi.nlm.nih.gov, CAX 28758.1) alignt und der Vorwärtsprimer der Sequenzierung lieferte ein gutes Ergebniss (s. Abb. 15 und 25). Der sequenzierte Teil der DNA ließ sich als *htpG* identifizieren.

Doch sind einige Punktmutationen überwiegend in der C-terminalen Domäne vorhanden, die mit Hilfe von Primern für weiterführende Arbeiten gezielt entfernt werden müssten. Die sequenzierte DNA des HtpG wurde mit dem Programm CLC Sequence Viewer in die Aminosäurensequenz übersetzt. Anschließend wurde die N-terminale Domäne des hergestellten HtpG-Proteins mit der Sequenz des publizierten HtpG aus *H. pylori*, Stamm 210 in einem Align-ment verglichen. In Abbilung 15 ist das Ergebnis dargestellt. Die voneinander abweichenden Aminosäuren wurden mit einem Stern marktiert. Rot umrandet sind die Aminosäuren, die relevant für die Bindung des Liganden sind (s. Teil 3.1.1.). In fünf Aminosäuren unterscheiden sich die beiden Sequenzen, doch ist keine der bisher bekannten und für die Bindung des Liganden relevanten Aminosäuren betroffen. Für das HtpG aus *H. pylori* gibt es mehrere publizierte HtpG Sequenzen, bekannt sind die der Stämme 195, 210 und 230. Es könnte sein, dass es sich bei dem hergestellten HtpG um einen neuen Stamm handelt.

Außerdem wurde die Hydropathie der beiden HtpGs aus *H. pylori* mit der des humanen Hsp90α verglichen. Das experimentell hergestellte HtpG unterscheidet sich in seiner Hydropathie zu dem publizierten HtpG nur ein zwei Stellen. Die erste Stelle liegt bei den Aminosäurepositionen 110-122. Dort verhält sich die Hydropathie des experimentell hergestellten HtpG eher wie die Hydrophatie des humanen Hsp90α. An der zweiten Stelle bei den Aminosäurenpositionen 225-235, ist die Hydrophatie des experimentell hergestellten HtpG größer als die der anderen beiden Proteine. Bis hier hin kann noch nichts über die Bedeutung der veränderten Aminosäuren gesagt werden. Es wurde mit diesem Konstrukt mit dem vorhanden Unterschieden weitergearbeitet.

3.1.4 Expression und Aufreinigung von HtpG

Für die Kultivierung wurde zuerst eine Vorkultur der positiven Kolonie „Nr. 9“ angezogen und die Hauptkultivierung dieser fand in einem 1,5 L Bioreaktor mit Batch-Betriebsweise statt. Die Induktion erfolgte mit 1 mM ITPG bei 16 °C über Nacht. Es wurde eine niedrigere Temperatur für die Induktion gewählt, sodass die Proteinproduktion in den Zellen verlangsamt und nur das Zielprotein synthetisiert wurde und keine endogenen HtpG induziert werden. Dadurch ließ sich eine höhere Menge an gewünschtem Protein erzielen.

Die Biotrockenmasse der *E. coli*-Kultur betrug 12 g und wurde in Lysepuffer resuspendiert. Außerdem wurde Proteaseinhibitor dazugeben, um die Proteine vor Degradation zu schützen. Der Zellaufschluss erfolgte in einer French-Press, weil bakterielle Zellen auf Grund ihrer stabilen Zellwand Drücke bis zu 100 bar aushalten können. Die French-Press ist ein diskontinuierlicher Hochdruck-Homogenisator, bei dem die Zellsuspension unter hohem Druck bis zu 1000 atm von einem Kolben durch eine Düse gepresst wird. Durch die plötzliche Entspannung entstehen sehr hohe Scherkräfte und Kavitationseffekte. Durch anschließendes Zentrifugieren werden Zelltrümmer, wie Zellmembran und Zellkern, von dem löslichen Protein getrennt. Anschließend wurde der Überstand in Lysepuffer aufgenommen und auf Eis gelagert. Da neben dem HtpG-Protein noch andere lösliche Proteine in dem Überstand vorhanden waren, musste es gereinigt werden. Das rekombinate HtpG-Protein ist ein Fusionprotein mit einem Polyhistidinschwanz (*His*-Tag) mit sechs Histidinen am N-Terminus und konnte mit einer IMAC (Immobilized Metal Ion Affinity Chromatography) gereinigt werden. Es ist eine Affinitätschromatographie bei der das Protein durch seinen *His*-Tag an ein Kobalt-Chelatkomplex des Talon-Harzes durch reversible Adsorption gebunden wird. Die metallchelatierende Gruppe ist am Säulenmaterial immobilisiert.

Nach der Aufreinigung wurde eine photometrische Proteinbestimmung bei 280 nm durchgeführt. Aus der gemessenen Extinktion von 1,371 wurde durch Anwendung des LAMBERT-BEER'SCHEN-Gesetzes ((1), (2)) die Proteinkonzentration ermittelt. A ist die dekadische Absorbanz, ε der molare Absorptionskoeffizient [$m^2 \cdot mol^{-1}$], c die Konzentration der Probe [$mol \cdot L^{-1}$] und d die Weglänge des Lichtstrahls durch die Probe [m].

$$A = c \cdot \varepsilon \cdot d \tag{1}$$

$$c = \frac{A}{\varepsilon \cdot d} \tag{2}$$

Es wurde der Extinktionskoeffizient des gesamten Proteins mit dem SUMO Protein mit dem Programm ProtParam von ExPASy auf 20750 $M^{-1} \cdot cm^{-1}$ errechnet. Das Protein ist mit dem Fusionsprotein SUMO und den *His*-Tag 13 kDa größer und hat somit eine Molekülmasse von 84 kDa. Die errechnete Konzentration nach der Affinitätschromatographie betrug 6,6 $mg \cdot mL^{-1}$. Da die Proteinlösung noch Verunreinigungen durch degradierte Proteine mit *His*-Tag enthalten konnte, war die errechnete Konzentration nur eine Annäherung an die Konzentration des wirklich aktiven Proteins.

Es wurden zur Kontrolle der Reinheit und Identität der Proteinlösung ein Gel und ein Western Blot gemacht. Als primären Antikörper des Western Blots wurde ein anti-*His* Antikörper verwendet. Der sekundäre Antikörper (anti-rabbit) ist mit einer alkalischen Phosphatase markiert, die nach Zugabe von BCIP und NBT durch eine enzymatisch katalysierte Reaktion das spezifische Anfärben des Proteins bewirkt.

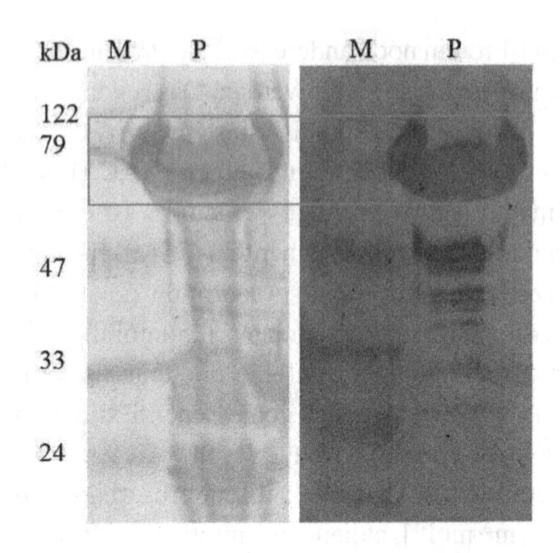

Abbildung 16: SDS-Gel- und Western Blot-Analyse des mittels Affinitätschromatographie gereinigten HtpG aus *H. pylori*. Verwendet wurde für den Western Blot: Nitrozellulosemembran, rabbit atni-*His* Antikörper, alkalische Phosphatase, Substrat: BCIP [50 mg·ml^{-1}] in 100 % DMF und NBT in 70 % DMF. Das HtpG ist mit *His*-Tag 85 kDa groß. P: Proteinprobe, M: Protein Standard 122-20 kDa (Peqlab, Prestained Protein-Marker, Protein-Marker III).

In Abbildung 16 ist das Ergebnis dargestellt. Auf der linken Seite im Gel und Blot wurde der Prestained Protein-Marker (122 -20 kDa) aufgetragen. Das HtpG ist mit *His*-Tag 84 kDa groß. In der Abbildung 16 ist eine dicke Proteinbande auf Höhe der 79 kDa Markerbande sowohl auf dem Gel wie auch auf der Blotmembran zu erkennen. Außerdem gibt es noch mehrere kleinere Proteinbanden im Gel, die auf Verunreinigungen zurückzuführen sind. Doch auch im Bild des Blots wurden Proteine mit *His*-Tag kleiner als 84 kDa detektiert. Vermutlich entstehen diese Banden einerseits durch degradiertes HtpG-Protein und anderseits durch unvollständig synthetisiertes Protein, da der *His*-Tag am N-Terminus des Proteins liegt. Dennoch sollte die Aktivität des HtpG-Proteins im kompetitiven Verdrängungsassay im Protein-Microarray-Format überprüft werden.

Das rekombinante HtpG-Protein besitzt eine Schnittstelle für die SUMO Protease vor dem eigentlichen gewünschten Protein. Die SUMO Protease ist eine hochaktive Cysteinprotease und schneidet das SUMO-Fusionsprotein vom rekombinanten HtpG Protein ab. Dieser Arbeitsschritt wurde mit einer

Dialyse verbunden, sodass neben dem unerwünschten SUMO Fusionprotein auch Ionen entfernt und die Imidazolkonzentration reduziert wurde. Dies ist nötig, da diese Substanzen die Enzymaktivität herabsetzen können.

3.1.5 Zusammenfassung und Diskussion

Zusammenfassend lässt sich sagen, dass die Klonierungsarbeiten von *htpg* in den pET SUMO Vektor erfolgreich waren und das vollständige HtpG-Protein synthetisiert werden konnte. Jedoch weist die DNA des selbsthergestellten Proteins im Vergleich zur publizierten Proteinsequenz des HtpG aus *H. pylori* (www.ncbi.nlm.nih.gov, CAX 28758.1) Unterschiede auf. Es ist zu überprüfen, ob es sich um Klonierungsartefakte handelt oder um eine genetische Eigenschaft dieser benutzten *H. pylori* Linie. Die Unterschiede könnten durch PCR mit entsprechend modifizierten Primer gezielt entfernt werden, um die Auswirkungen der Veränderungen auf die Aktivität und Bindungseigenschaften des Proteins zu überprüfen. Aufgrund der Zeitbeschränkung der Masterarbeit konnten diese Maßnahmen nicht ergriffen werden. Es wurde mit dem synthetisierten Protein weiter gearbeitet. Die Aufreinigung von HtpG erfolgte mittels einer Affinitätchromatographie (IMAC). Dadurch konnte das His-getraggte Protein von anderen Proteinen der *E. coli*-Zellen entfernt werden. Die gemessene Proteinkonzentration nach der Elution betrug 6,6 $mg \cdot mL^{-1}$ bei ca. 55 % Reinheit. Das SUMO Fusionprotein konnte von dem HtpG-Protein abgetrennt werden.

In Anlehnung an die schon optimierte Reinigung des humanen Hsp90α von PD DR. CARSTEN ZEILINGER, Institut für Biophysik, Leibniz Universität Hannover, könnte die Reinheit des HtpG durch weiterführende Chromatographie-methoden, wie Größenausschluss- oder Anionenaustauschchromato-graphie verbessert werden. So könnte die monomere von der dimeren Form des Proteins sowie assoziierte Klienten des Proteins getrennt werden. Es empfiehlt sich, dies in zukünftigen Versuchen zu testen.

3.2 Direkt-kompetitiver Verdrängungsassay im Protein-Microarray Format

Im zweiten Teil der Arbeit sollte ein direkt-kompetitiver Verdrängungsassay im Protein-Microarray Format für das HtpG aus *H. pylori* entwickelt werden. Er sollte auf der Patentschrift „Microarray-Vorrichtug für das Screenen oder Auffinden von HSP90 Inhibitoren und von Inhibitoren weiterer krankheitsrelevanter Zielstrukturen" der Sartorius Stedim Biotech GmbH, Göttingen, DE vom 11.10.2012 basieren. Dieser Assay wurde unter anderem am Institut für Technische Chemie, Leibniz Universität Hannover entwickelt. Zuerst soll überprüft werden, ob Cy3-markiertes ATP (s. Abb. 17) an der N-terminalen ATP-Bindestelle von Hsp90α bzw. HtpG binden kann und ob es sich durch Strukturanaloga von Geldanamycin als Inhibitoren verdrängen lässt.

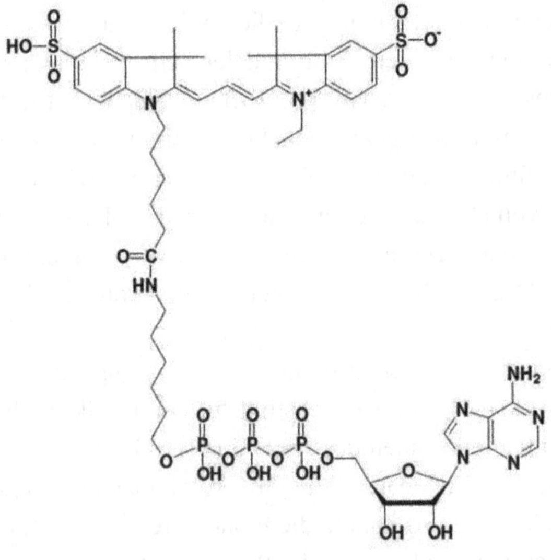

Abbildung 17: Keilstrickformel von γ-(6-Aminohexyl)-ATP-Cy3 (NU-833-Cy3, Jena Bioscience GmBH, Jena, DE).

Das humane Hsp90α und das bakterielle HtpG sollen auf einen mit Nitrozellulosemembran beschichteten 16-Pad-Chip (Nexterion® NC-N16, Schott AG, Mainz, DE) immobilisiert werden und über die Abnahme der Fluoreszenz von Cy3-ATP soll die Verdrängung durch unmarkierte Strukturanalogen nachgewiesen werden. Die Protein-Mikroarray-Technologie bietet eine stabile und effiziente Möglichkeit, Funktionen des Proteins in einer schnellen, wirtschaftlich günstigen und automatisierten Art zu untersuchen. Der Grad der Miniaturisierung ist sehr hoch.

3.2.1 Entwicklung des direkt-kompetitiven Verdrängungsassays

Wie in der Einleitung 3.2 erwähnt, ist ein Screening von humanen Hsp90α Inhibitoren am Institut der Technischen Chemie an der Leibniz Universität Hannover vorhanden, mit dem sich erfolgreich neue Hsp90α Inhibitoren identifizieren ließen. Das Hsp90α wurde unter Erhalt der Fähigkeit zur ATP-Bindung und Verdrängung auf der Nitrozellulosemembran immobilisiert. FITC-GA konnte an das Protein gebunden werden. Durch unmarkierte Inhibitoren ließ sich FITC-GA konzentrationsabhängig aus der N-terminalen ATP-Bindetasche verdrängen, sodass eine Fluoreszenzabnahme beobachtet werden konnte (s. Abb. 18a).

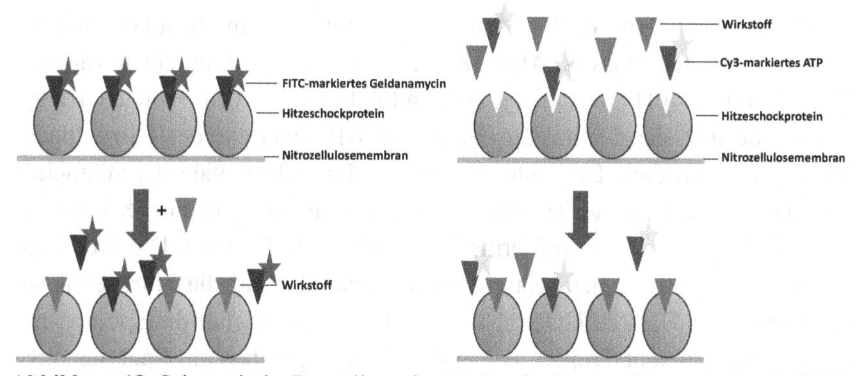

Abbildung 18: Schematische Darstellung des (a) Standard-kompetitiven Assay mit FITC-Geldanamycin und (b) des direkt-kompetitiven Assay mit Cy3-ATP. In den beiden Abbildungen ist das Hitzeschockprotein auf der Nitrozellulosemembran des Mciroarrays immobilisiert. Das Protein kann entweder den Wirkstoff oder FITC-GA bzw. Cy3-ATP binden. Die Fluoreszenz wird nach dem Versuchsablauf gemessen und die Bindeeigenschaften des Wirkstoffs bestimmt.

Bisher wurde das immobilisierte Hsp90α mit dem FITC-GA über Nacht bei 4 °C inkubiert und die Verdrängung durch die Inhibitoren fand am Tag darauf bei 4 °C statt. Probleme bei der Reproduzierbarkeit der Daten führten zur Weiterentwicklung des Assays.

Anstelle des bisher verwendeten FITC-GA sollte Cy3-ATP eingesetzt werden. Vorteile dieser Methode sind zum einem, dass es sich bei ATP um den natürlichen Liganden der Hitzeschockproteine handelt und damit eine höhere Affinität an der ATP Bindestelle garantiert ist. Zum anderen ist Cy3-ATP wesentlich stabiler als FITC-GA, wodurch die Fehleranfälligkeit des Assays verringert wird. Durch die Anwendung von ATP kann der Assay schneller auch auf andere Hitzeschockproteine, die Geldanamycin eventuell nicht binden können, übertragen werden. Hinzu kommt, dass die verwendeten Geräte für Cyaninfarbstoffe ausgelegt sind und somit die Detektion der Intensität für Cy3 im optimalen Bereich erfolgt. Die Effekte des Photobleaching können verringert werden. FITC hat seine Emissionmaximum bei 514 nm und Cy3 bei 570 nm. Unsicher bleibt zunächst, welchen Einfluss die natürliche Hydrolyse des ATP durch Hsp90α auf die Intensität des Signals hat.

Es wurde ein neuer direkt-kompetitiver Assay entwickelt, sodass das Cy3-ATP anstelle von FITC-GA mit den Inhibitoren um die ATP-Binde-tasche konkurrieren muss (s. Abb. 18b). Der Assay wurde um einen Tag verkürzt, weil Cy3-ATP gleichzeitig mit den Inhibitoren zu dem Protein dazu geben wurde und sie gleichzeitig um die ATP-Bindetasche des Hitzeschockproteins konkurrieren. Desweiteren wurde dadurch die Gefahr der möglichen ATP-Hydrolyse um einen Tag verringert. Das Hsp90α lag in einer Konzentration von 3 $mg \cdot mL^{-1}$ im Einfriermedium (Storage-Puffer) vor. Die Proteinlösungen wurden mit einem Nano-Plotter kontaktfrei auf die Nitrozellulosemembran eines NEXTERION® NC-N16 slide gespottet. Für die Spotting-parameter wurden acht Tropfen per Spot eingestellt, sodass ein Spot aus circa 800 - 1600 pL Proteinprobe besteht. Auf jedes Pad wurden zehn Spots der Proteinlösung gedruckt. Anschließend wurden die Mikrochips 30 min bei Raumtemperatur getrocknet und 45 min in Storage-Puffer mit 1 % BSA schüttelnd inkubiert. Dies diente zur Blockierung freier unspezifischer Bindestellen auf der Nitrozellulosemembran, sodass es zu keiner unspezifischen Bindung von Cy3-ATP kommen kann. Danach folgte ein 20-minutiger Waschschritt mit Storage-Puffer, der dreimal wiederholt wurde. Es dient dazu nicht gebundenes Protein und überschüssiges BSA zu entfernen.

Der nächste Schritt war die Inkubation von Cy3-ATP und unmarkiertem ATP, sodass sie um die Bindestelle konkurrieren können. Es wurde als „Inhibitor“ als erstes unmarkiertes ATP verwendet, damit belegt werden konnte, dass die Weiterentwicklung des Assays anwendbar ist und die Verdrängung weiterhin durch die abnehmende Signalintensität detektierbar ist. In späteren Versuchen wurde das unmarkierte ATP durch Inhibitoren, die Geldanamycinstrukturanaloga sind, ersetzt. Das Cy3-ATP lag in einer Endkonzentration von 100 nM vor und das unmarkierte ATP wurde als Verdünnungsreihe in acht Verdünnungen von 50 µM – 50 pM in FPI-Puffer angesetzt. Jedes Pad wurde mit 50 µL Cy3-ATP/ATP-Lösung inkubiert. Zuvor wurde der Chip mit einer Hybridisierungskammer versehen, die die 16 Felder voneinander trennt. Als Positivkontrolle diente ausschließlich FPI-Puffer (symbolisiert vollständige Verdrängung des Cy3-ATP) und als Negativkontrolle 100 nM Cy3-ATP in FPI-Puffer ohne Inhibitor.

Durch die Negativkontrolle konnte gezeigt werden, dass Cy3-ATP an das Hitzeschockprotein bindet und nicht vollständig hydrolysiert. Für jede Proteincharge wurden zehn Spots beim Spotten aufgetragen, was eine Zehnfachbestimmung pro Konzentration des zu untersuchenden Inhibitors gewährleistet. Die Inkubation erfolgte über Nacht bei 4 °C schüttelnd bei 300 rpm unter Lichtausschluss in einer Feuchtkammer.

Am nächsten Tag wurde jedes Pad mit 100 µL FPI-Puffer zweimal für fünf Minuten gewaschen. Ungebundes ATP bzw. Cy3-ATP wurde dadurch entfernt. Die Hybridisierungskammer wurde entfernt und der Chip mittels Druckluft getrocknet. Die Auswertung erfolgte durch Messung der Fluoreszenzsignalintensitäten und es wurde der normalisierte Anteil von verdrängten Cy3-ATP gegen die logarithmische Inhibitorkonzentration hier ATP in einer Kurve aufgetragen. Die Bewertung der Verdrängung erfolgte dabei über den IC_{50}-Wert. Dieser gibt die Konzentration der Inhibitorsubstanz an, bei der eine halbmaximale Verdrängung des Cy3-ATP erreicht wird.

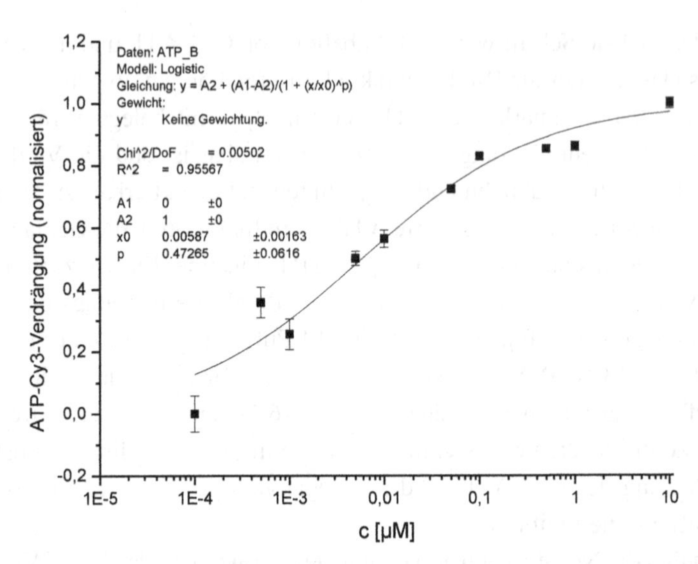

Abbildung 19: Graphische Darstellung des direkt-kompetitiven Verdrängungsassays mit dem Hsp90α aus *H. sapiens* und Cy3-ATP und ATP als Liganden. Die Brechnung und Darstellung erfolgte mit Origin 8.5. Verwendeter Fit Logistic, A1=0, A2=1.

Abbildung 19 zeigt die graphische Darstellung des direkt-kompetitiven Verdrängungsassays mit Hsp90α und ATP als Verdrängungsmolekül. Es ließ sich deutlich eine Verdrängung feststellen und der errechnete IC_{50}-Wert beträgt 5 ± 1 nM. Es ist ein geringer IC_{50}-Wert und lässt auf eine gute Verdrängung auch schon bei geringen Konzentrationen an unmarktierten ATP schließen. Dies lässt sich dadurch erklären, dass das Cy3-ATP im Vergleich zum ATP sterisch gehinderter ist und unmarkiertes ATP besser in die ATP-Bindungstasche diffundieren kann. Der Verdrängungsassay liefert in seiner modifizierten direkt-kompetitiven Variante ein aussagekräftiges Ergebnis und kann für die Anwendung zur Untersuchung der biologischen Aktivität weiterer Proteine wie HtpG aus *H. pylori* eingesetzt werden.

Das synthetisierte HtpG befand sich im SUMO Proteasepuffer mit einer Konzentration von 1,4 $mg \cdot mL^{-1}$. Es wurde genau nach der gleichen Anleitung wie das humane Hsp90α auf die Nitrozellulosememebran neben das Hsp90α gespottet und anschließend behandelt. Somit können die Bindungseigenschaften der Hitzeschockproteine parallel untersucht werden. Im Vorfeld wurde mittels Mikrothermophorese herausgefunden, dass FITC-GA nicht an HtpG binden kann (Daten nicht gezeigt). Somit wurde HtpG auch mit Cy3-ATP und ATP auf dem Microarray inkubiert. Dieser Versuch war erfolgreich und das Cy3-ATP wurde mit ansteigender Konzentration von ATP immer stärker aus der ATP-Bindungstasche des HtpG verdrängt. In Abbildung 20a ist ein Ausschnitt des gescannten 16-Pad-Chips nach erfolgreicher Immobilisierung des mit Cy3-ATP fluoreszenzmarkierten Hsp90α und HtpG-Proteins abgebildet. In den ersten zwei Fünferreihen von links in jedem Pad ist das Hsp90α und nächsten zwei Fünferreihen das HtpG gespottet. Das Pad links oben ist die Positivkontrolle bestehend aus FPI-Puffer und 100 nM Cy3-ATP. Dort ist die Fluoreszenz am stärksten. Die anderen Pads wurden jeweils mit einer anderen Konzentration (50 µM, 5 µM, 0,5 µM, 50 nM, 5 nM, 0,5 nM, 50 pM) von ATP im FPI-Puffer mit 100 nM Cy3-ATP inkubiert. Die höchste Konzentration befindet sich rechts oben und die Inhibitorkoenzentration nimmt von links nach rechts und von oben nach unten ab. Es lässt sich schon direkt nach dem Scan eine Fluoreszenzabnahme bei den höheren Konzentrationen feststellen. Bei den geringeren Konzentrationen an ATP ist die Fluoreszenzabnahme mit dem bloßen Auge auf dem Scan marginal.

Zur genaueren Auswertung wurde der Chip mit dem Program ImaGene 5, Excel und Origin ausgewertet. Die Grafik ist in Abbildung 20b abgebildet. Die Kurve zeigt wie zuvor bei Hsp90α die normalisierte Fluoreszenzabnahme von Cy3-ATP gegen die logarithmisch aufgetragene Konzentration von unmarkiertem ATP. Der IC_{50}-Wert beträgt 1,095 ± 0,6 µM und ist im Vergleich zum IC_{50}-Wert des humanen Hsp90α höher. Es wurde dennoch eine Verdrängung durch direkte Kompetiton auf dem Chip nachgewiesen und somit konnte der Assay für die nachfolgenden Versuche weiter verwendet werden.

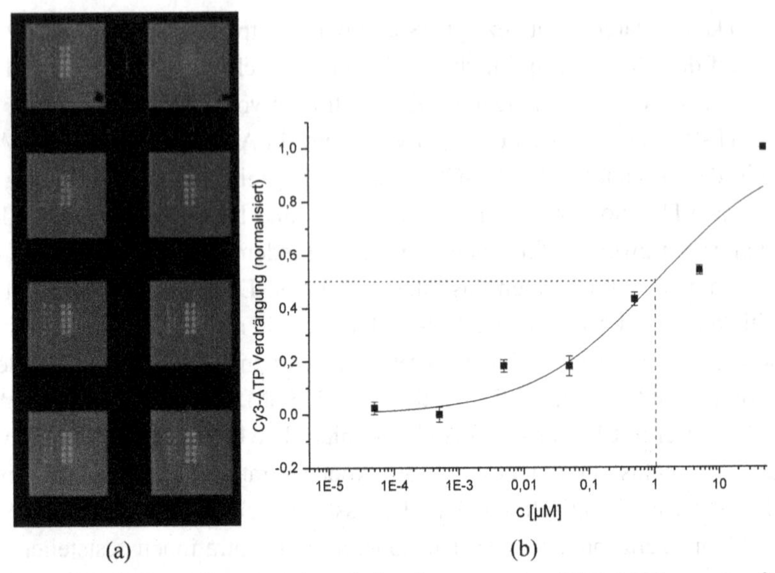

(a) (b)

Abbildung 20: (a) Darstellng einer Ausschnitts des gescannten 16-Pad-Chips nach erfolgter Immobilisierung des mit Cy3-ATP fluoreszenzmarkierten Hsp90α und HtpG Proteins. Verdünnungsreihe von unmarkierten ATP von links nach rechts und von oben nach unten 50 µM, 5 µM, 0,5 µM, 50 nM, 5 nM, 0,5 nM, 50 pM. (b) Graphische Darstellung des direkt.kompetitiven Verdängungsassays mit dem HtpG aus *H. pylori* und Cy3-ATP und ATP. Der IC_{50}-Wert kann an der gestrichelten Linie abgelesen werden (IC_{50}: 1,095 ± 0,6 µM). Die Berechnung und Darstellung erfolgte mit Origin 8.5. Verwendeter Fit Logistic, A1=0, A2=1).

3.2.2 Screening von Inhibitoren

Anhand des neu entwickelten direkt-kompetitiven Verdrängungsassay sollten potentielle Inhibitorsubstanzen untersucht werden. Es wurde erwartet, dass sie die ATPase Aktivität des HtpG aus *H. pylori* hemmen oder gar ganz deaktivieren. Zum Vergleich wurde auch Hsp90α mit untersucht. Weisen die Inhibitoren eine Affinität zur ATP-Bindetasche auf, verdrängen sie das Cy3-markierte ATP aus der ATP-Bindungstasche und es ist eine Abnahme der Fluoreszenzsignalintensität zu erwarten. Es wurden die potentiellen Inhibitoren 17AAG, Radicicol, SEB01, SEB07, SEB13, SEB43, SEB44, SEB51, SE239 und SEF17 getestet. Die Strukturformeln der Inhibitoren werden im Anhang auf Abbildung 24 festgehalten.

Geldanamycin ist als Inhibitor für Hsp90α bekannt, doch ist er auf Grund seiner geringen Löslichkeit, hohen Hepatotoxizität und seiner limitierten Bioverfügbarkeit für klinische Studien irrelevant, sodass nach Alternativen gesucht werden muss. Die hier in der Arbeit benutzten Inhibitoren unterscheiden sich von Geldanamycin in dem Chinonring. Er wurde zum Benzolring umgewandelt und besitzt Halogengruppen, Methoxygruppen oder Hydroxygruppen. Es soll die Wasserlöslichkeit und die Bindungsaffinität zur ATP-Bindetasche verbessert werden.

Um die IC_{50}-Werte der Inhibitoren untersuchen zu können, wurden die potentiellen Inhibitoren in unterschiedlichen Konzentrationen (50 µM, 5 µM, 0,5 µM, 50 nM, 5 nM, 0,5 nM, 50 pM) sowie eine Negativkontrolle (FPI-Puffer + 100 nM Cy3-ATP) und eine Positivkontrolle (FPI-Puffer) aufgetragen. Nach dem Scannen der Chips erfolgte die Bewertung der Verdrängung über den IC_{50}-Wert. Um die Qualität des Arrays zu überprüfen wurde eine dimensionslose Kennzahl, der Z-Faktor nach ZHANG ET AL. (1999) eingeführt:

$$Z\text{-}Faktor = 1 - \frac{3 \cdot \sigma_p - 3 \cdot \sigma_n}{\mu_p - \mu_n} \tag{3}$$

σ_p ist die Standardabweichung und μ_p der Mittelwert der Positivkontrolle, hier der FPI-Puffer, σ_n die Standardabweichung und μ_n der Mittelwert der Negativkontrolle, hier 100 nM Cy3-ATP in FPI-Puffer.

Der Z-Faktor kann Werte zwischen $\infty < Z < 1$ annehmen. Die Qualität des Assays ist ideal mit dem Wert 1, zwischen 0,5 und 1 exzellent und zwischen 0 und 0,5 grenzwertig. Negative Werte besagen, dass es zu viele Überschneidungen zwischen Positiv- und Negativkontrolle gibt und der Assay somit nicht auswertbar ist.

Die graphische Darstellung der einzelnen Inhibitoren für beide Proteine wird in der Abbildung 21 auf den folgenden Seiten festgehalten.

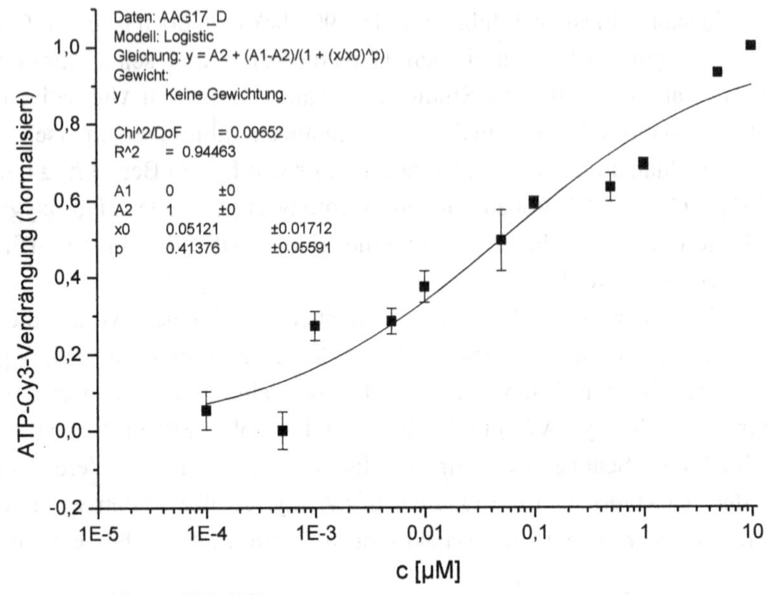

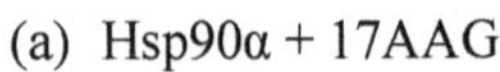
(a) Hsp90α + 17AAG

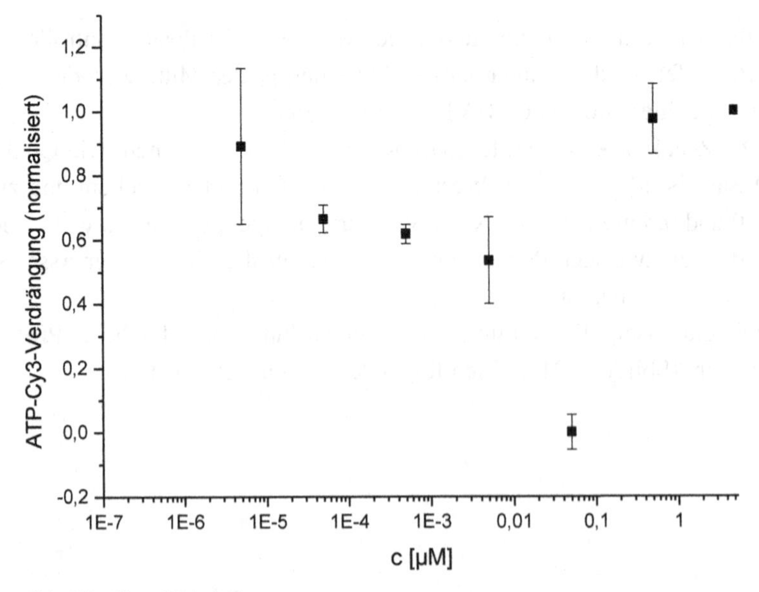

(b) HtpG + 17AAG

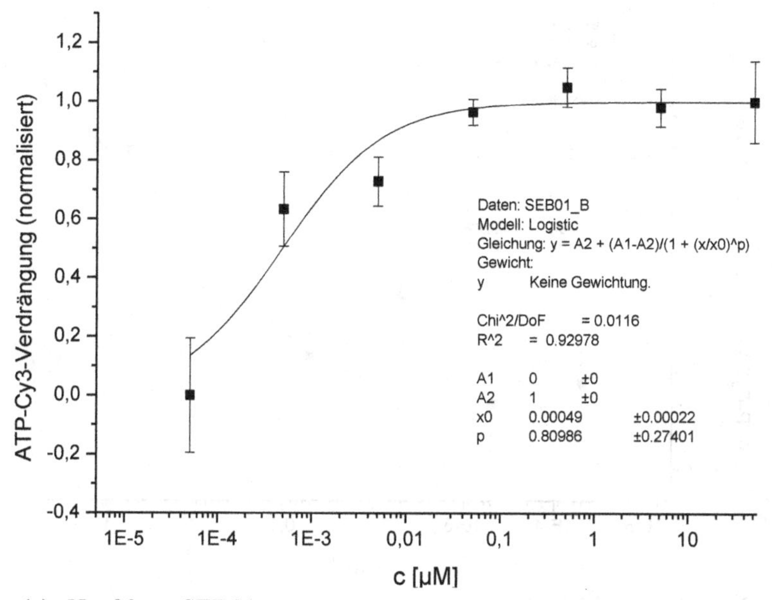

(c) Hsp90α + SEB01

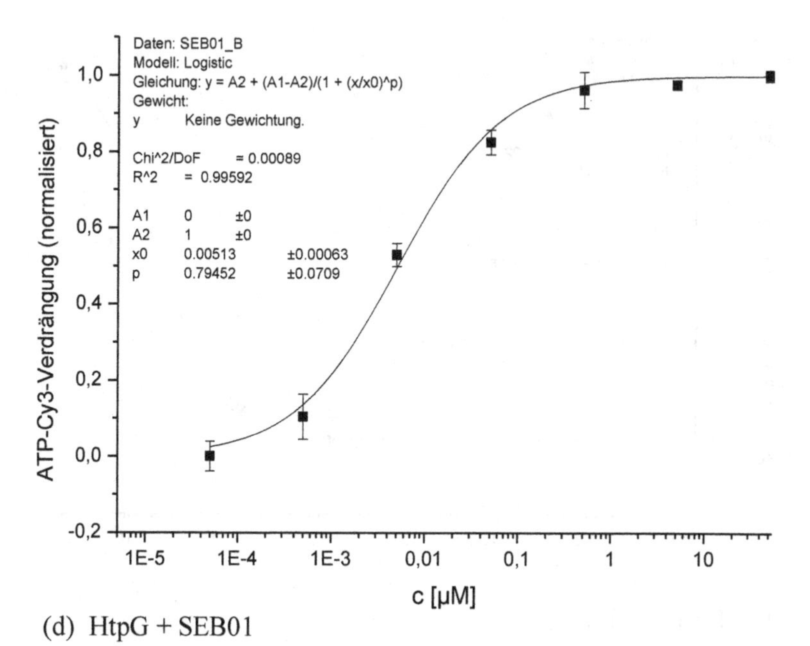

(d) HtpG + SEB01

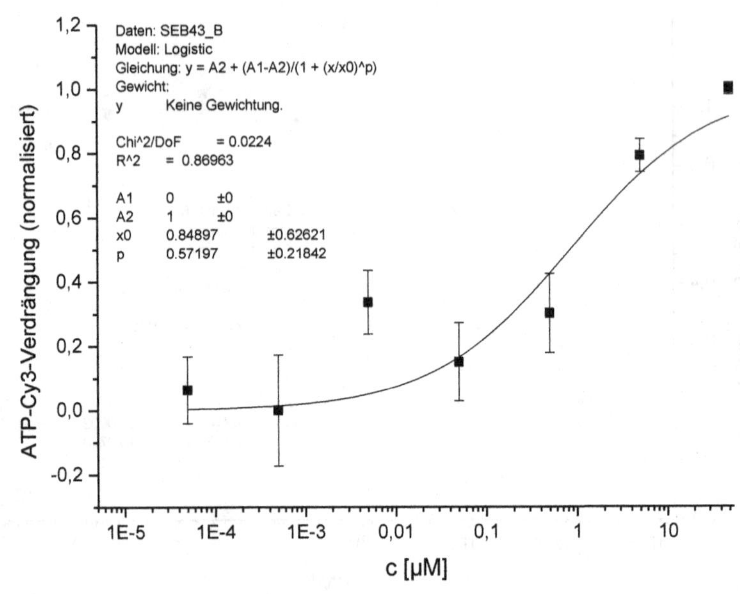

(e) Hsp90α + SEB43

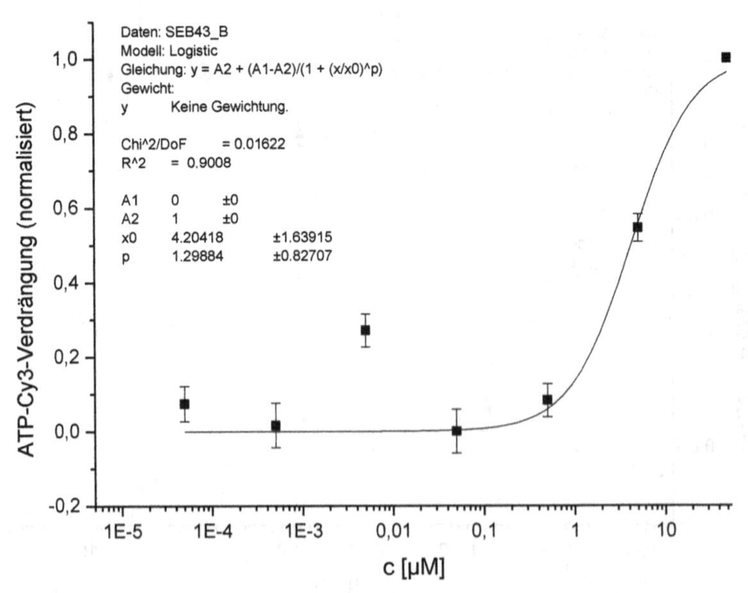

(f) HtpG + SEB43

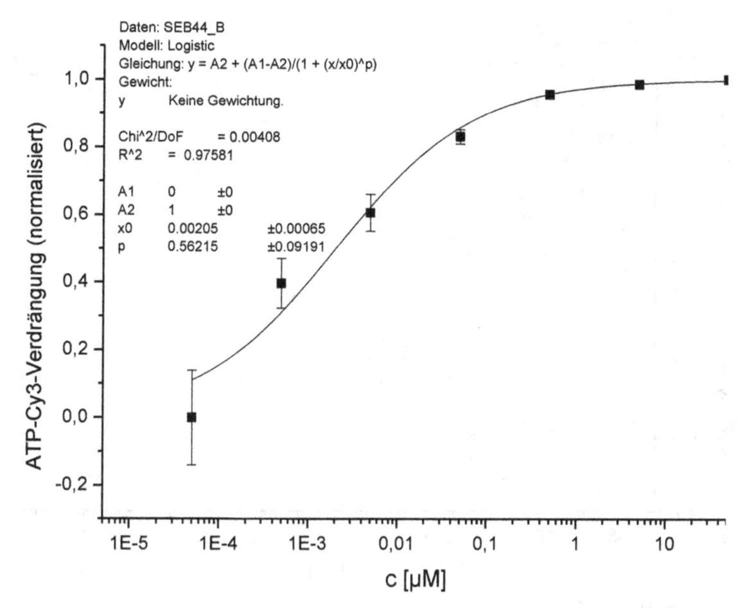

(g) Hsp90α + SEB44

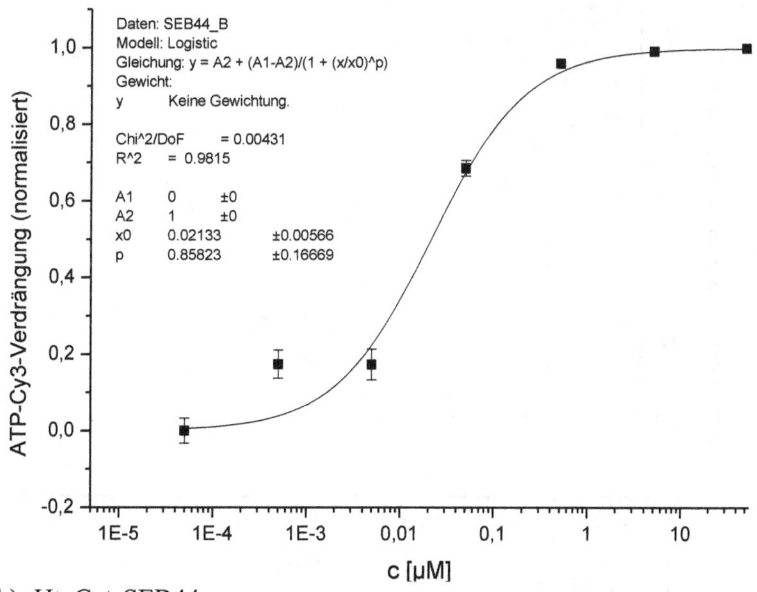

(h) HtpG + SEB44

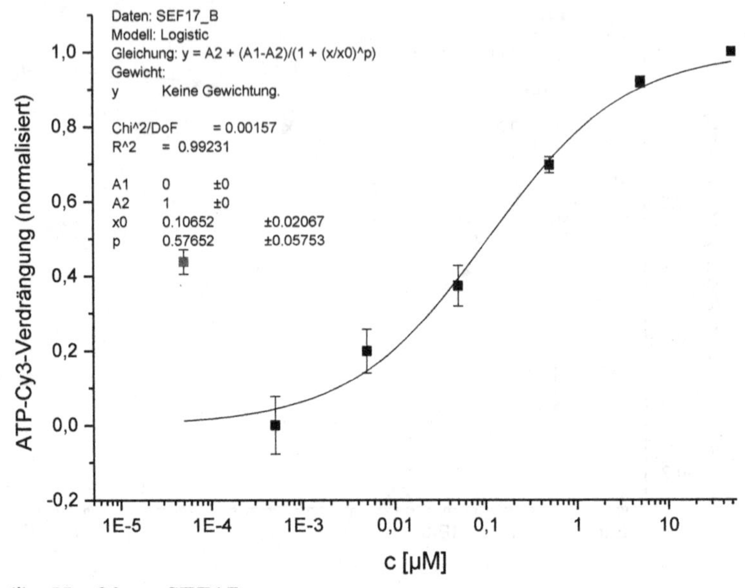

(i) Hsp90α + SEF17

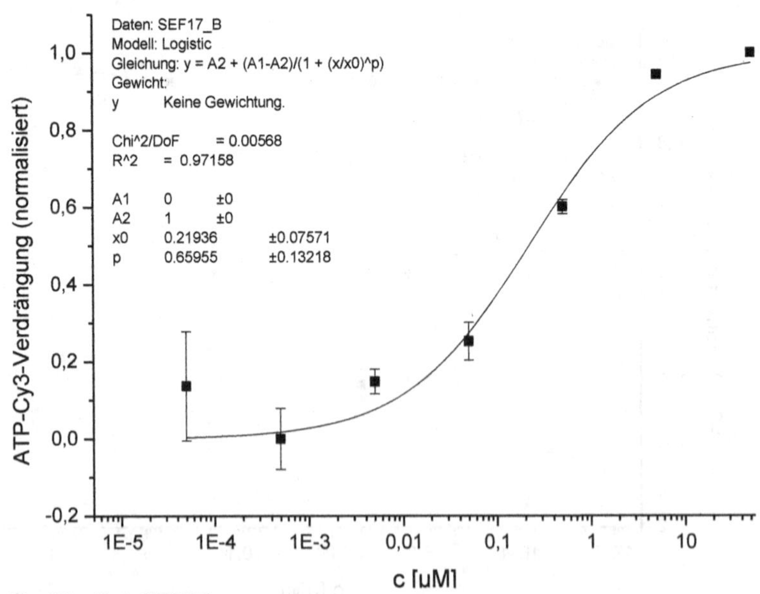

(j) HtpG + SEF17

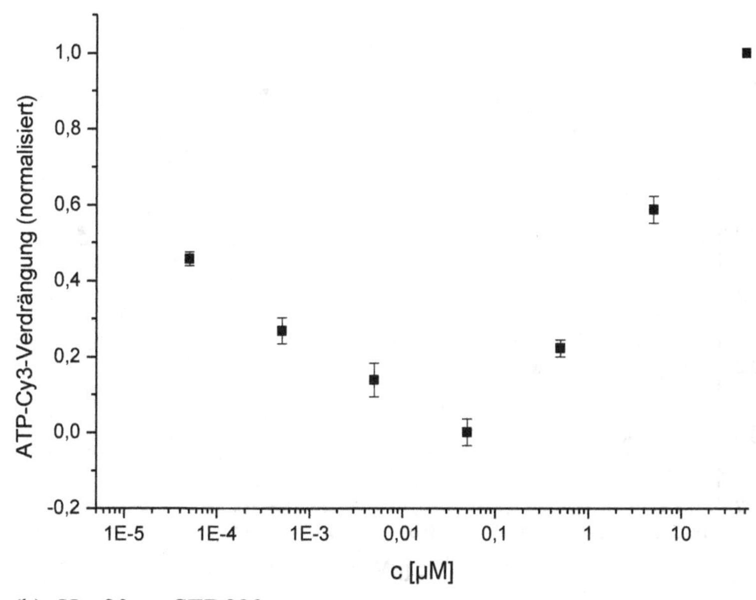

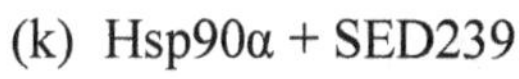
(k) Hsp90α + SED239

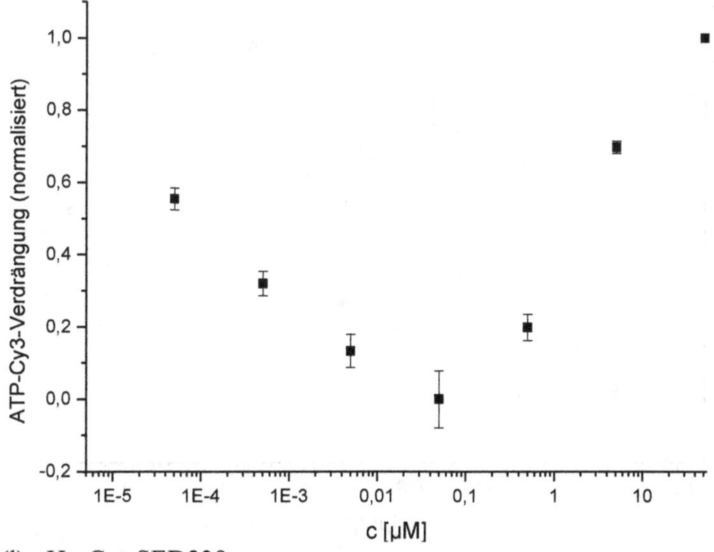

(l) HtpG + SED239

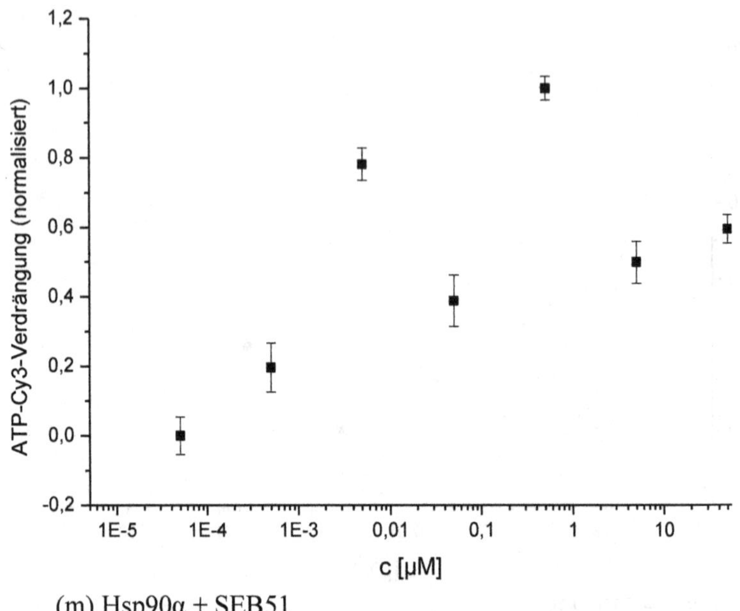

(m) Hsp90α + SEB51

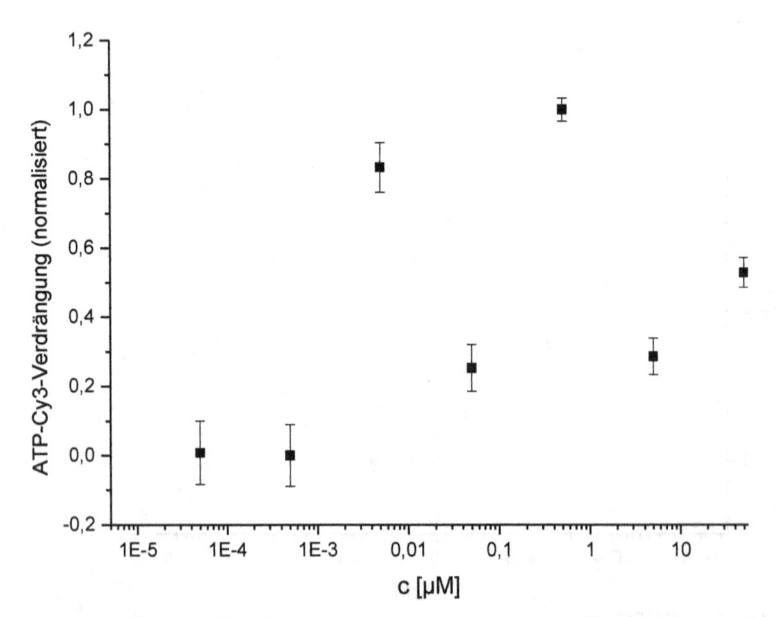

(n) HtpG + SEB51

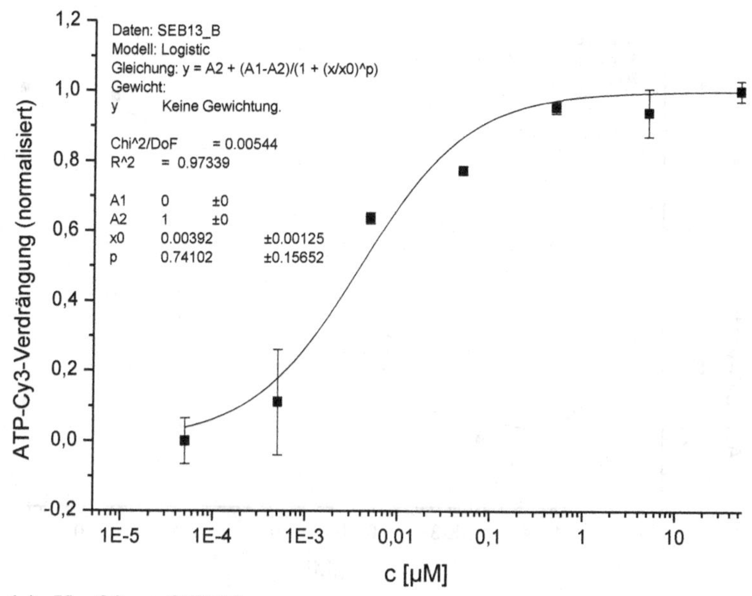

(o) Hsp90α + SEB13

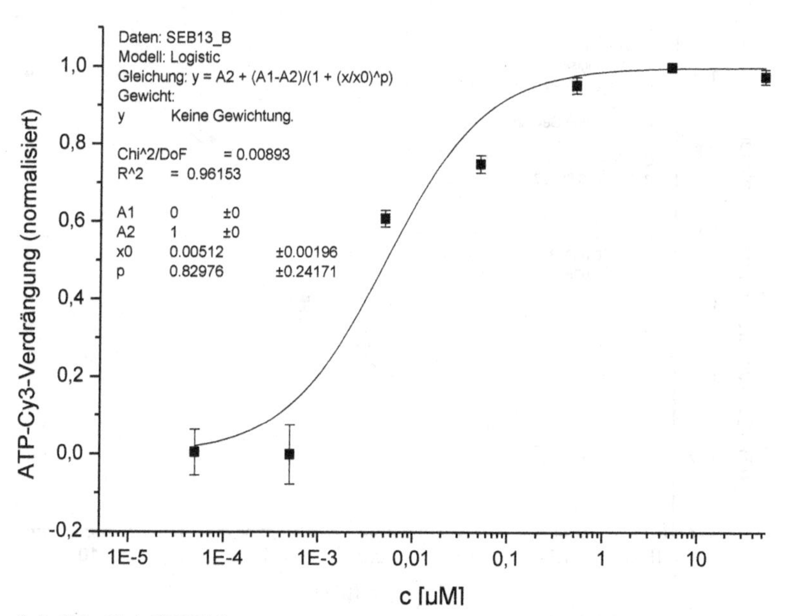

(p) HtpG + SEB13

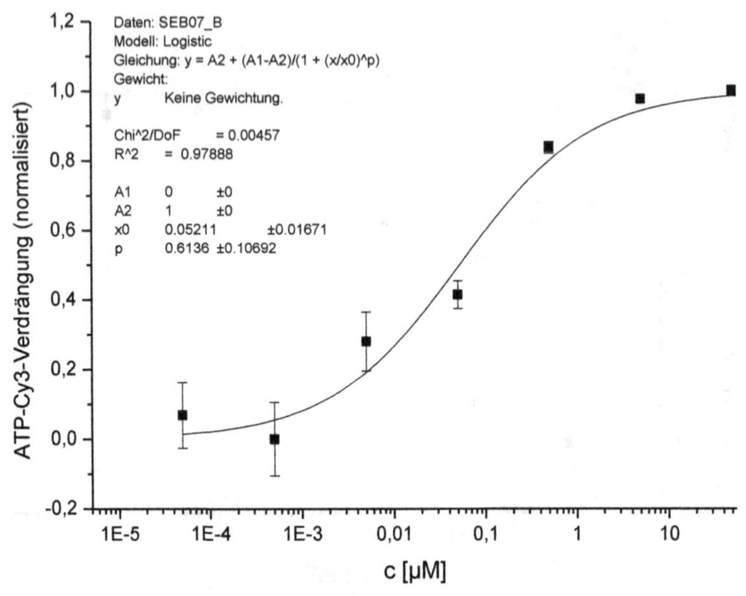

(q) Hsp90α + SEB07

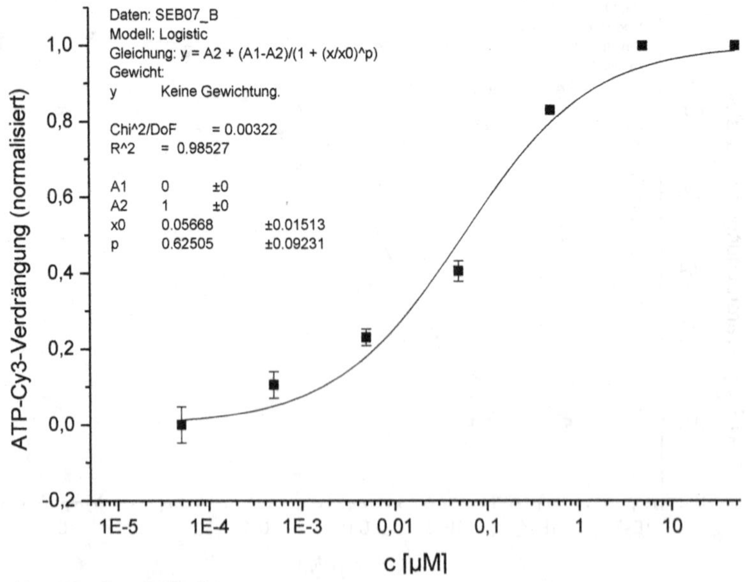

(r) HtpG + SEB07

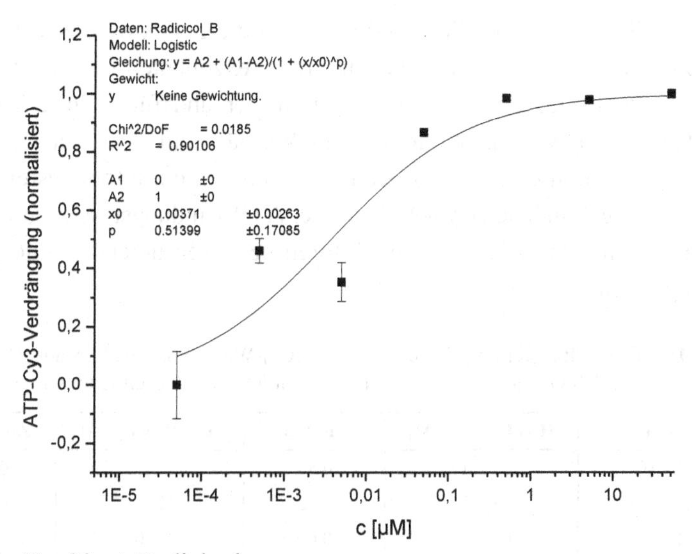

(s) Hsp90α + Radicicol

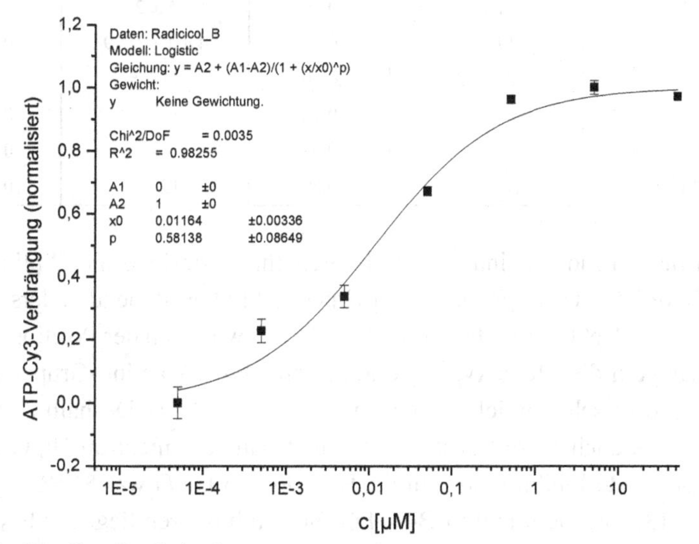

(t) HtpG + Radicicol

Abbildung 21: Graphische Darstellung des direkt-kompetitiven Verdrängungsassays der Inhibitoren und der Proteine Hsp90α *H.sapiens* und HtpG *H.pylori*. Die Berechnung und Darstellung erfolgre mit Origin 8.5. Verwendeter Fit Logistic, A1=0, A2=1.

In der Tabelle 1 sind die IC_{50}-Werte und die Z-Faktoren zusammengefasst. Die Werte der Z-Faktoren liegen alle im exzellenten Bereich zwischen 0,6 und 0,96. Es lag somit ein aussagekräftiger und für weitere Versuche brauchbarer Assay vor. Ein niedriger IC_{50}-Wert lässt auf einen guten Inhibitor schließen, da schon eine geringe Konzentration des Inhibitors ausreicht, um die Hälfte des gebundenen Cy3-ATP aus der ATP-Bindungstasche zu verdrängen. Die zu charakterisierenden Inhibitoren bewirken unterschiedlich starke Verdrängungen.

Tabelle 1: Gegenüberstellung der errechneten IC_{50}-Werte von Hsp90α aus *H. sapiens* und HtpG aus *H. pylori* und die bestimmten Z-Faktoren jedes Chips

Inhibitor	IC_{50} Hsp90 [nM]	Z-Faktor	IC_{50} HtpG [nM]	Z-Faktor
17AAG	51 ± 17	0,83	-	0,75
Radicicol	3 ± 2	0,72	12 ± 3	0,94
SEB01	0,5 ± 0,2	0,68	5 ± 0,6	0,86
SEB07	52 ± 17	0,80	57 ± 15	0,96
SEB13	4 ± 1	0,69	5 ± 2	0,94
SEB43	849 ± 629	0,60	4204 ± 1639	0,87
SEB44	2 ± 0,7	0,60	21 ± 6	0,90
SEB51	-	0,78	-	0,87
SE239	-	0,92	-	0,95
SEF17	107 ± 21	0,69	219 ± 76	0,94

In ihrer Tendenz sind die Inhibitoren für beide Proteine ähnlich. Nur 17AAG verhält sich gegenüber dem HtpG nicht überraschend anders als gegenüber des Hsp90α. Bei dem Inhibitor 17AAG wurde an der Position 17 von Geldanamycin die Methoxygruppe gegen eine N-Allylamino-Gruppe ausgetauscht und ist sehr ähnlich zu Geldanamycin (s. Abb. 7). Deshalb war zu erwarten, dass auch diese Substanz wie Geldanamycin nicht an HtpG binden kann. Der beste Inhibitor sowohl für Hsp90α und HtpG war SEB01, gefolgt von SEB13, Radicicol und SEB44. Für diese Inhibitoren liegt der IC_{50}-Wert im nanomolaren Bereich unter 25 nM. Überraschend bei diesem Ergebniss war jedoch, dass schon kleine Veränderungen an den Inhibitoren größe Auswirkungen haben. Bei den bindenen Inhibitoren des HtpG ist im Vergleich zu 17AAG und Geldanamycin der Chinonring zum Benzolring aufgehoben und

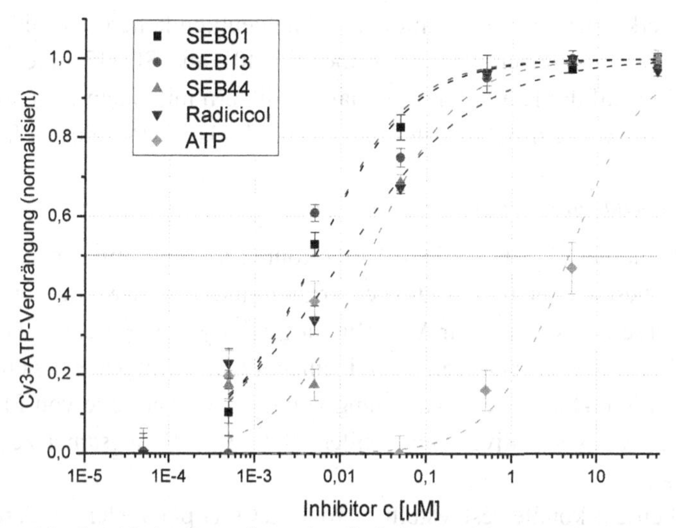

Abbildung 22: Graphische Darstellung des direkt-kompetitiven Verdrängungsassays mit HtpG aus *H. pylori* und den Inhbitoren SEB01, SEB13, SEB44, Radicicol und ATP als Referenz. Die Berechnung und Darstellung erfolgte mit Origin 8.5. Verwendeter Fit Logistic, A1=0, A2=1.

dieser halogeniert oder oxidiert. Knapp über 50 nM liegt der IC_{50}-Wert für SEB07 für beide Proteine und 17AAG für Hsp90α. SEF17 ist auch noch ein guter Inhibitor. Schlechte Ergebnisse lieferten die Inhibitoren SEB43, SEB51 und SE239. Die letzten beiden waren sogar Nicht-Binder. Das HtpG Protein aus *H. pylori* bindet die Geldanamycinanaloga tendenziell schlechter als das humane Hsp90α.

In Abbildung 22 sind die besten vier der getesteten Inhibitoren für HtpG und ATP als Referenz in einem Graphen zusammengefasst, sodass die errechneten IC_{50}-Werte graphisch abgelesen werden können. Auf der x-Achse ist die Inhibitorkonzentration logarithmisch und auf der y-Achse ist die Cy3-ATP Verdrängung normalisiert aufgetragen, d. h. das bei der höchsten Konzentration des Inhibitors 100 % des Cy3-ATP verdrängt werden. Für den nichtlinearen Kurvenfit wurde in der Software Origin Logistic als Kurvenanpassungsfunktion gewählt und die Parameter A_1 auf 0 und A_2 auf 1 festgesetzt (4).

$$y = \frac{A_1 - A_2}{1 + (\frac{X}{X_0})^p} + A_2 \qquad (4)$$

Es ist zu erkennen, dass die Inhibitoren eine deutlich höhere Affinität zu der ATP-Bindetasche haben als ATP selber. SEB01 und SEB13 unterscheiden sich im Verlauf der Kurve nur minimal und liefern mit einem IC_{50}-Wert von 5 ± 0,6 nM bzw. ± 2 nM das beste Ergebnis für das HtpG-Protein aus *H. pylori.*

3.2.3 Zusammenfassung und Diskussion

Das selbsthergestellte bakterielle HtpG konnte auf dem mit Nitrozellulosemembran beschichteten 16-Pad-Microarray immobilisiert werden und es behielt dabei seine Fähigkeit zur ATP-Bindung bei. Cy3-marktiertes ATP konnte erfolgreich an dieses gebunden und mit einem Fluoreszenzscanner sichtbar gemacht werden. Durch die Verwendung von Cy3-ATP anstelle von FITC-GA wurde der Assay sensitiver und stabiler, da Cy3-ATP langsamer zerfällt als FITC-GA.

Außerdem konnte festgestellt werden, dass HtpG weder Geldanamycin noch sein Derivat 17AAG bindet. Noch unaufgeklärt blieb, ob die vorhandenen Mutationen Auswirkungen auf die Bindung der Moleküle an HtpG aus *H. pylori* haben und ob eine weitere Aufreinigung des HtpG sinnvoll ist. Kleinere Veränderungen des Chionrings des Geldanamycin haben größe Auswirkungen auf die Bindungsfähigkeit von Inhibitoren an den Hitze-schockproteinen.

Der Verdrängungsassay wurde auf direkte Kompetition anstatt auf aufeinanderfolgende Verdrängung umgestellt. Auch mit Hsp90α war der direktkompetitive Assay erfolgreich. Die Z-Faktorwerte für den neu entwickelten Assay waren exzellent, sie lagen im Bereich zwischen 0,6 und 0,96. Das Signal der Fluoreszenz zwischen Positiv- und Negativkontrolle war groß genug, um weitere Untersuchungen durchzuführen. Vorteil dieses Assays ist, dass die Zeit für die mögliche Hydrolyse von Cy3-ATP zu ADP um 24h verringert wird, sodass die Qualität und die Vergleichbarkeit verbessert werden. Als sehr gute Inhibitoren stellten sich SEB01, gefolgt von SEB13, Radicicol und SEB44 für beide Proteine heraus. Nicht bindende Inhibitoren waren SEB51 und SE239.

Zusammenfassend verhält sich das HtpG aus *H. pylori* in seinen Bindungseigenschaften ähnlich wie Hsp90α aus *H. sapiens*. Das bakterielle Protein ist ein interessanter Kandidat um weitere Inhibitoren zu testen und um einen klinischen Ansatz zu entwickeln. Ein Ziel wäre Inhibitorsubstanzen zu finden, die an das HtpG aus *H. pylori* binden, nicht aber an das humane Hsp90α, sodass eine gezielte Hemmung des Bakteriums möglich ist und die humanen Zellen nicht in Mitleidenschaft gezogen werden.

4 Zusammenfassung und Ausblick

Ziel der Arbeit war es ein bakterielles Hitzeschockprotein herzustellen und zu charakterisieren. Die Bindungseigenschaften der ATP-Bindetasche der C-termin-alen Domäne des HtpG aus *H. pylori* sollten auf potentielle Inhibitoren im Protein-Microarray-Format untersucht werden, um anschließend diese mit den des humanen Hsp90α zu vergleichen.

Während der Masterarbeit konnte das bakterielle Hitzeschockprotein HtpG aus *H. pylori* der Hsp90-Familie erfolgreich hergestellt werden, um anschließend Protein-Microarray Experimente durchzuführen. Im ersten Teil der Arbeit konnte das *htpg* Gen mittels Touchdown-PCR amplifiziert werden und daraufhin erfolgreich in den pET SUMO Expressionsvektor kloniert werden. Nach der Sequenzierung wurde die DNA Sequenz der N-terminalen Domäne mit dem Computerprogramm CLC Sequence Viewer in die Aminosäuresequenz übersetzt und festgestellt, dass sie sich in fünf Aminosäuren im Vergleich zum HtpG aus *H. pylori*, Stamm 210 unterschiedet. Die wichtigen Aminosäuren für die Bindung des Liganden in der ATP-Bindetasche sind nicht betroffen und die Hydrophatie in der Bindungstasche hat sich nur maginal verändert. Es könnte sein, dass während den molekularbiologischen Arbeiten mit der DNA Punktmutationen besonders am 5'-Ende entstanden sind. Es konnte innerhalb dieser Masterarbeit nicht geklärt werden, welche Auswirkungen diese auf die Funktionalität des Proteins haben. Die ATP-Bindestelle liegt am N-terminalen Ende des Proteins. Es wurde angenommen, dass die Mutationen keinen großen Einfluss auf die Funktionalität der ATPase Aktivität haben. Um die Punktmutationen zu entfernen, müssten passende Primer entwickelt werden und erneut mehrere Male eine PCR durchgeführt werden. Das Klonierungsprodukt wurde in kompetente BL21 *E. coli* Zellen transformiert und in LB-Medium kultiviert. Die Induktion der Proteinexpression erfolgte durch ITPG bei 16 °C und über Nacht. Nach dem Ernten der Zellen und dem Zellaufschluss mit einer Frech Press wurde das HtpG mit einer Affininitätchromatographie (IMAC) gereinigt. Das Protein ließ sich deutlich aufreinigen und anreichern. Dies konnte sowohl im Coomassie-gefärbten SDS-Gel wie auch im Western Blot mit einem Antikörper (Anti-His-Tag) nachgewiesen werden.

Im zweiten Teil der Arbeit konnte ein direkt-kompetitiver Verdrängungsassay mit dem hergestellten HtpG aus *H. pylori* und dem von PD DR. CARSTEN ZEILINGER Institut für Biophysik, Leibniz Universität Hannover produzierten humanen Hsp90α entwickelt werden. Es wurde auf einen am Institut vorhanden Standard-kompetitiven Assay zum Screenen von Inhibitoren am humanen Hsp90α Protein zurückgegriffen und dieser angepasst. Verändert wurde, das nicht FITC-GA aus der ATP-Bindungs- tasche der Hitzeschockproteine verdrängt wurde, sondern Cy3-markiertes ATP, da Geldanamycin nicht an das bakterielle HtpG bindet. Außerdem lässt sich somit der Assay schneller auf andere Hitzeschockproteine, die alle ATP als natürlichen Liganden haben, übertragen. Der größte Vorteil von Cy3-ATP ist, dass es der natürliche Ligand der Proteine ist und somit viel sensitiver für die ATP-Bindetasche ist. Desweiteren ist der Cy3 Farbstoff stabiler als FITC und zerfällt nicht so schnell.

Es konnten beide Proteine nebeneinander auf der Nitrozellulose-membran eines 16-Pad-Chips immobilisiert werden, ohne dass ihre ATP-Bindungseigenschaften verloren gingen. Nachdem Cy3-ATP erfolgreich an die Proteine gebunden werden konnte, wurden andere Inhibitoren getestet, die gleichzeitig mit dem Cy3-ATP zu den immobilisierten Proteinen gegeben und über Nacht inkubiert wurden. Die direkte Kompetition zwischen dem ATP und den Inhibitoren ist neu im Vergleich zum vorherigen Assay. Durch die Kompetition sollen die Hydrolyse des ATP verringert werden. Desweiteren wurde der Assay von drei auf zwei Tage verkürzt und ist somit zeit- und kostensparender.

Es wurden die potentiellen Inhibitoren 17AAG, Radicicol, SEB01, SEB07, SEB13, SEB43, SEB44, SEB51, SE239 und SEF17 mit dem direkt-kompetitiven Verdrängungsassay getestet. Die potentiellen Inhibitoren wurden im Arbeitskreis von PROF. DR. ANDREAS KIRSCHNING, Institut für Organische Chemie, Leibniz Universität Hannover durch Mutasynthese hergestellt. Der Assay lieferte gute Ergebnisse und die ermittelten Z-Faktoren lagen alle im exzellenten Bereich. Somit waren die Qualität und die Aussagekraft des Assays sehr hoch. Es konnten sowohl gute als auch schlechter bindene Inhibitoren identifiziert werden. Ein sehr guter Inhibitor war SEB01, gefolgt von SEB13, Radicicol und SEB44 für beide Proteine. Nicht bindende Inhibitoren waren SEB51 und SE239. Die einzigen Unterschiede in der Bindungsfähigkeit der Inhibitoren an die Proteine, lagen bei 17AAG und Geldanamycin vor. Diese konnten nicht von HtpG aus *H. pylori* gebunden werden. Kleinste Unterschiede in den Strukturformeln der Inhibitoren haben große Auswirkungen auf die Affinität zum Protein. EICHNER ET AL. (2012) haben schon einige Geldanamycinderivate auf ihre hemmende Wirkung in verschiedenen Säugerkrebszelllinien getestet und es ließen sich antiproliferative Aktivitäten feststellen, jedoch waren sie alle schwächer als die von Geldanamycin.[57] Dies müsste mit den neu getesteten Inhibitoren nun auch durchgeführt werden.

Der Ansatz zur Bekämpfung der *H. pylori*-Erkrankungen durch Inhibierung der Hitzeschockantwort ist sehr interessant und sollte weiter verfolgt werden, da *H. pylori* immer mehr Antibiotikaresistenzen ausbildet. Bisher wurden noch keine veröffentlichten Versuche an dem HtpG aus *H. pylori* gemacht und die Ergebnisse geben neue Erkenntnisse über die Bindungseigenschaften des Proteins. Das Ziel ist es, Inhibitoren zu finden, die gezielt das HtpG des *H. pylori* hemmen, jedoch nicht das humane Hsp90 Protein. Unter den bisherigen Inhibitoren war ein solcher Kandidat noch nicht zu finden. Der nächste Schritt wäre weitere potentielle Inhibitoren zu screenen, um einen möglichen Kandidat zu identifizieren. Desweiteren sollte in zukünftigen Versuchen die Toxizität und die Bioverfügbarkeit der Inihibitoren *in vivo* getestet werden. Das HtpG ist auf jeden Fall neues Target für die Wirkstoffentwicklung.

Die Etablierung und Weiterentwicklung des Protein-Microarray-Assays lässt auf weitere erfolgreiche Experimente hoffen. Einerseits können neue Inhibitorsubstanzen am HtpG aus *H. pylori* und am humanen Hsp90α erprobt werden, andererseits ist ein Ziel in naher Zukunft die Entwicklung einer Targetbibliothek von rekombinant synthetisierten und gereinigten Hsp/HtpG-Proteinen auf einen Microarray. So können die Proteine auf einem einzelnen Träger parallel unter gleichen Bedingungen auf Bindungseigenschaften verschiedener Inhibitoren untersucht werden. Der Protein-Microarray hat im Vergleich zu den zurzeit auf dem Markt verfügbaren Mikrotiterplatten-Assays sehr viele Vorteile. Er ist kosten- und zeitsparender, da die eingesetzten Molekülmengen der Proteine (ca. 1 nL pro Spot, einer 3 $mg \cdot ml^{-1}$ Proteinlösung) und der Wirk-

[57] Eichner, S. et al. (2012)

stoffe sehr gering sind und ein Microarray-Slide viele Informationen auf einmal liefern kann. Außerdem ist eine hohe Reproduzierbarkeit vorhanden, weil Mehrfachbestimmungen auf nur einen Chip möglich sind. Im Vergleich zu dem herkömmlichen Mikrotiterplatten-Format ist die Miniaturisierung ein weiterer großer Vorteil.

Der entwickelte Microarray kann zu einem automatisierten High-Throughput-Screening weiter entwickelt werden, welches sehr interessant für die Pharmaforschung ist. Anhand des Assays können Wirkstoffe an Hitzeschockproteinen und später auch an anderen Proteinen mit enzymatischer Aktivität getestet werden. Die bisherigen Inhibitoren für Hsp90α müssen weiter modifiziert, optimiert und verträglicher für die Anwender gemacht werden, sowie auch an anderen Hitzeschockproteinen wie HtpG getestet werden.

5 Materialien und Methoden

5.1 Verbrauchsmaterialien

Material	Hersteller
NEXTERIONR NC-N16 Coated Slides	Schott Nexterion, Jena, DE
Einwegspritzen	B. Braun Melsungen AG, Melsungen, DE
Filterpapier	Reiss Laborbedarf e.K., Mainz-Mombach, DE
Nitrilhandschuhe	Ansell Healthcare LLC, Melbourne, AUS
Sterilfilter für Einwegspritzen	Sartorius Stedim Biotech, Göttingen, DE
PCR-Gefäß	Kisker Biotech GmbH & Co. KG, Steinfurt, DE
Polyvinylidenfluorid-Membran	Carl Roth GmbH + Co. KG, Karlsruhe , DE
Pipettenspitzen versch. Größen	Sarstedt AG & Co. KG, Sarstedt, DE
Reaktionsgefäße	Sarstedt AG & Co. KG, Sarstedt, DE

5.2 Geräte

Geräte	Hersteller
Axon Scanner Genepix 4000 B	Molecular Devices, Inc., Sunnyvale, CA, USA
Bioreaktor 1,5 L	B. Braun Melsungen AG, Melsungen, DE
Elektrophorese-System	Bio-Rad Laboratories, Inc., Hercules, CA, USA
Eppendorf Centrifuge 5415 R	Eppendorf, Hamburg, DE
Eppendorf Thermomixer Comfort, 2 mL-Gefäße	Eppendorf, Hamburg, DE
FrenchR Press Amicon 20000	Amicon, USA
Hybridisierungskammer Nexterion 16well	Schott Nexterion, Mainz, DE
IKA-Schüttler MTS4	IKA Werke GmbH & Co. KG, Staufen, DE
Megafuge 1.0 RS	Heraeus Instruments GmbH, Osterode, DE
NanoDrop Spectrometer ND-1000	Peqlab Biotechnologie GmbH, Erlangen, DE

Geräte	Hersteller
Nano-Plotter 2.1	GeSiM mbH, Großerkmannsdorf, DE
PCR-Thermozykler Doppio	VWR International GmbH, Darmstadt, DE
Pipetten vers. Größen	Eppendorf AG, Hamburg Deutschland
PowerPac Basic Power Supply	Bio-Rad Laboratories, Inc., Hercules, CA, USA
Protein-Blotting-System	Peqlab Biotechnologie GmbH, Erlangen, DE
Trockenschrank	Memmert GmbH & Co. KG, Büchenbach, DE
UV-Tisch	Herolabs GmbH, Wiesloch, DE
UV-VIS Spektrophotometer	Shimadzu Deutschland GmbH, Duisburg, DE
Vortex Schüttler	VWR International GmbH, Darmstadt, DE
Wasserbad	Memmert GmbH & Co. KG, Büchenbach, DE

5.3 Reagenzien

Reagenzien	Hersteller
Acrylamid	Carl Roth GmbH + Co. KG, Karlsruhe , DE
Agarose	ABGene, Hamburg, DE
APS	Sigma-Aldrich, St. Louis, CA, USA
ATP	Sigma-Aldrich, St. Louis, CA, USA
BCIP	Peqlab Biotechnologie GmbH, Erlangen, DE
Bromphenolblau	Merck KGaA, Darmstadt, DE
BSA	Sigma-Aldrich, St. Louis, CA, USA
β- Mercaptoethanol	Merck KGaA, Darmstadt, DE
Cy3-ATP (NU-833-Cy3)	Jena Bioscience GmbH, Jena, DE
DMSO	Merck KGaA, Darmstadt, DE
DTT	Invitrogen GmbH, Darmstadt, DE
DMF	Sigma-Aldrich, St. Louis, CA, USA
EDTA	AppliChem GmbH, Darmstadt,DE
Essigsäure	AppliChem GmbH, Darmstadt,DE
Ethanol	Carl Roth GmbH + Co. KG, Karlsruhe , DE
Ethidiumbromid	Sigma-Aldrich, St. Louis, CA, USA
EZBlue™ Gel Staining Reagent	Sigma-Aldrich, St. Louis, CA, USA
FITC-Geldanamycin (SIH-113A)	Biomol GmbH, Hamburg, DE
Formaldehyd	Carl Roth GmbH + Co. KG, Karlsruhe , DE

Glycerin	Carl Roth GmbH + Co. KG, Karlsruhe , DE
Glycin	Sigma-Aldrich, St. Louis, CA, USA
Hefeextract	Sigma-Aldrich, St. Louis, CA, USA
Imidazol	Sigma-Aldrich, St. Louis, CA, USA
ITPG	Sigma-Aldrich, St. Louis, CA, USA
Isopropanol	Merck KGaA, Darmstadt, DE
KCl	Honeywell Specialty Chemicals GmbH, Seelze, DE
KH_2PO_4	AppliChem GmbH, Darmstadt, DE
Milchpulver	Rossmann GmbH, Burgwedel, DE
$MgCl_2$	Sigma-Aldrich, St. Louis, CA, USA
NaCl	Sigma-Aldrich, St. Louis, CA, USA
Na_2MoO_4	Sigma-Aldrich, St. Louis, CA, USA
NBT	Peqlab Biotechnologie GmbH, Erlangen, DE
NP-40	Carl Roth GmbH + Co. KG, Karlsruhe , DE
PCR-Primer	Eurofins MWG GmbH, Ebersberg, DE
Protease Inhibitor (P-8465)	Sigma-Aldrich, St. Louis, CA, USA
SDS	Sigma-Aldrich, St. Louis, CA, USA
Talon-Harz	Clontech Laboratories, Inc., Mountain View, CA, USA
TEMED	Merck KGaA, Darmstadt, DE
Tris	Carl Roth GmbH + Co. KG, Karlsruhe , DE
Tween 20	Sigma-Aldrich, St. Louis, CA, USA

5.4 Reaktionskits

- Champion™ pET SUMO Protein Expression System (Invitrogen GmbH, Darmstadt, DE)
- QIAquick Gel Extraction Kit (Qiagen GmbH, Hilden, DE)
- Wizard® Plus Minipreps DNA Purification System (Promega GmbH, Mannheim, DE)

5.5 DNA, Enzyme, Marker, Antikörper

- Gesamt-DNA Helicobacter pylori, DSM-No.: 21031 (Leibniz-Institut DSMZ – Deutsche Sammlung von Mikroorganismen und Zellkulturen GmbH, Braunschweig, DE)
- NheI + 10x Puffer 5 (Jena Bioscience GmbH, Jena, DE)
- *Pfu* DNA Polymerase (Promega GmbH, Mannheim, DE)
- Red Load Tag Master/high yield (Jena Bioscience GmbH, Jena, DE)
- GeneRuler™ 1 kb DNA Ladder (Fermentas, St. Leon-Rot, DE)
- PageRuler™ Unstained Protein Ladder, 10-200 kDa (Fermentas, St. Leon-Rot, DE)
- Precision Plus Protein Standard (Prestained, Unstaind), 10-250 kDa (Bio-Rad Laboratories,Inc., Hercules, CA, USA)
- Anti-HIS Tag polyklonaler Antikörper, Katalog Nr.: ABIN398410 (antibodiesonline, Atlanta, GA, USA)
- Anti-Rabbit IgG (ganzes Molekül) - Alkalische Phosphatase produziert in Ziege, Katalog Nr.: A3687 (Sigma-Aldrich, St. Louis, CA, USA)

5.6 Softwaretools

- ChemDraw® Ultra (CambridgeSoft Corporation, Cambridge, MA, USA)
- CLC Sequence Viewer 6.6.2 (CLC bio A/S, Aarhus, DK)
- GenePixPro 6.1 (Molecular Devices, Inc., Sunnyvale, CA, USA)
- Imagene5.5 Standard Edition (BioDiscovery, Inc. , Hawthorne, CA, USA)
- Microsoft Excel2010 (Microsoft Corporation, Redmond, WA, USA)
- NPC 16 (GeSiM mbH, Grosserkmannsdorf, DE)

- Origin 7G (OriginLab Corporation, Northampton, MA, USA)
- PyMOL (DeLano Scientific LLC, Schrödinger, Palo Alto, CA, USA)
- SerialCloner 2.5 (SerialBasics, USA)

5.7 Lösungen und Puffer

Alle Puffer wurdern sterilfiltriert.

- Alkalische Phosphatase Puffer (100 mM Tris pH 9,5, 100 mM Na Cl, 5 mM $MgCl_2$)
- BCIP-Lösung (100 mg·mL^{-1} BCIP, 100 % v/v DMF)
- Blotlösung (1x TBS, 0,05 % v/v Tween 20, 3 % w/v Milchpulver)
- Dialysepuffer (20 mM Tris-HCl, pH 8,0, 20 mM KCl, 6 mM β-Mercaptoethanol, 10 % v/v Glycerin)
- Ethidiumbromid-Gel (1x TAE-Puffer, 2 % w/v Agarose, 0,001 % v/v Eithidiumbromid)
- FPI-Puffer (20 mM HEPES-KOH, pH 7,3, 50 mM KCl, 5 mM $MgCl_2$, 20 mM Na_2MoO_4, 0,01% v/v Tween 20, 2 % v/v DMSO, 0,1 mg·ml^{-1} BSA)
- Laemmli-Puffer (80 % v/v 2x SDS-Probenpuffer, 10 % v/v β-Mercaptoethanol, 10 % v/v 55%ige Glycerin/H_2OLösung)
- Lysepuffer (20 mM Tris-HCl, pH 8,0, 500 mM KCl, 5 mM β-Mercaptoethanol, 2 mM Imidazol, 10 % v/v Glycerin, 0,005 % w/v Proteaseinhibitor)
- NBT-Lösung (100 mg•mL^{-1} NBT, 70 % v/v DMSO)
- Sammelgel SDS-PAGE 5 % (1,7 mL H_2O, 0,535 mL Acrylamid (37 %), 0,25 mL 1,5M Tris pH 6,8, 0,02 mL 10 % SDS, 0,02 mL 10 % APS, 0,002 mL TEMED)

- SDS-Laufpuffer (0,3 g Tris-Base, 14 g Glycin, 1 g SDS, ad 1000 mL H_2O)
- SDS-Probenpuffer, 2x (0,315 g Tris-HCl, 58mg EDTA-Dinatriumsalz, 5 g SDS, 20 mg Bromphenolblau, H_2O ad 80 mL)
- Storage-Puffer (20 mM Tris-HCl, pH 7,5, 50 mM KCl, 6 mM β-Mercaptoethanol, 10% v/v Glycerin)
- SUMO Proteasepuffer, 10x (500 mM Tris-HCl, pH 8,0, 2 % v/v NP-40, 1,5 M NaCl, 10 mM DTT)
- TAE-Laufpuffer (40 mM Tris, 1 mM EDTA, 10 mM Na-Acetat)
- Talonsäulenpuffer A (20 mM Tris-HCl, pH 8,0, 500 mM KCl, 6 mM β Mercaptoethanol, 2 mM Imidazol)
- Talonsäulenpuffer B (20 mM Tris-HCl, pH 8,0, 1 M KCl, 6 mM β-Mercaptoethanol, 2 mM Imidazol, 0,1 % v/v Tween 20, 1 mM ATP/Mg^{2+})
- Talonsäulenpuffer C (20 mM Tris-HCl, pH 8,0, 500 mM KCl, 6 mM β-Mercaptoethanol, 250 mM Imidazol)
- TBS-Puffer (50 mM Tris, 150 mM NaCl)
- Transferpuffer (40 mM Glycin, 50 mM Tris)
- Trenngel SDS-PAGE, 12% (2,45 mL H_2O, 3 mL Acrylamid (37 %), 1,9 mL 1,5 M Tris pH 8,8, 0,075 mL 10 % SDS, 0,075 mL 10 % APS, 0,003 mL TEMED)

5.8 Inhibitoren

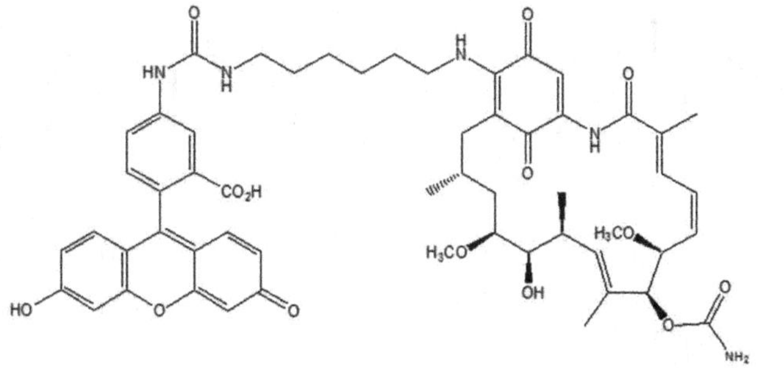

Abbildung 23: Keilstrickformel des FITC-markierten Geldanamycin (CSIH-113A, Biomol GmbH, Hamburg, DE).

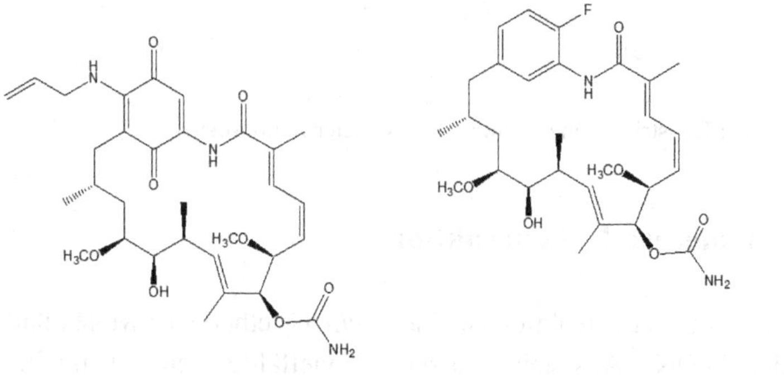

(a) (b)

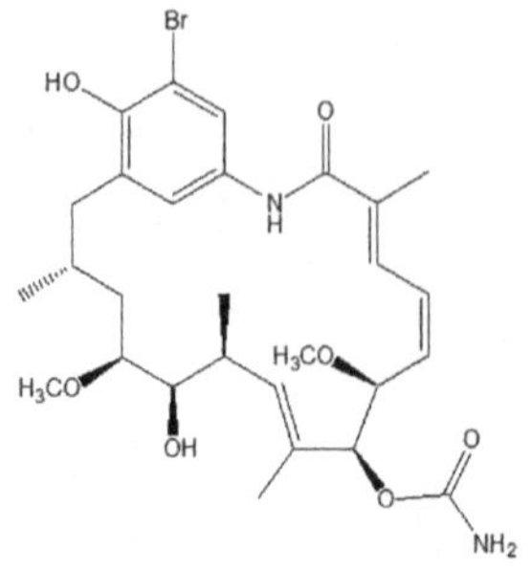

(c) 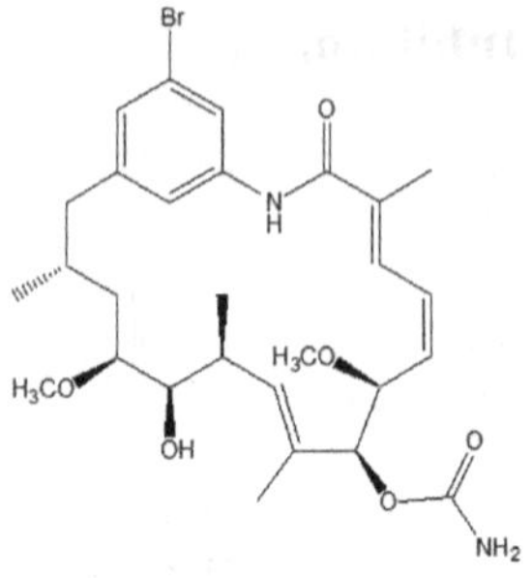 (d)

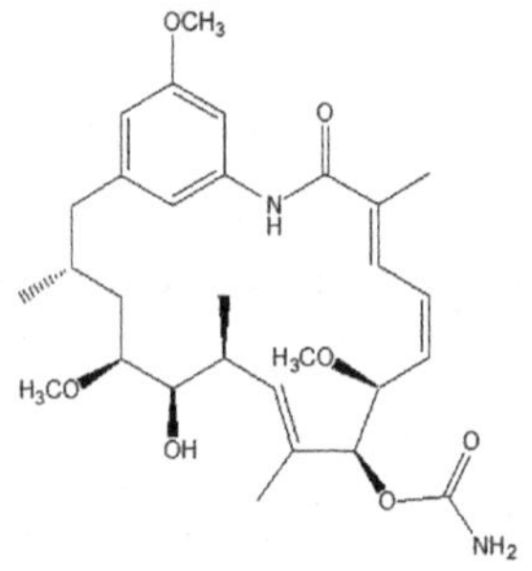

(e) 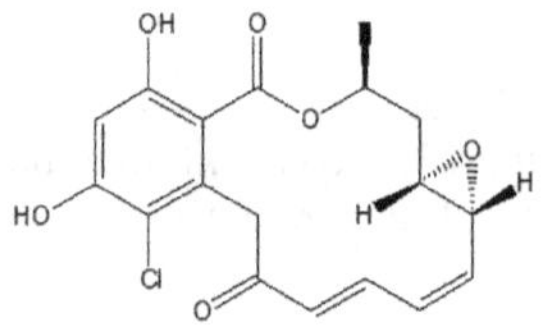 (f)

Abbildung 24: Keilstrichformeln einiger verwendeter Inhibitoren.

5.9 Polymerase-Kettenreaktion

Die Polymerase-Kettenreaktion ist eine *in vitro* Methode der Molekularbiologie mit der ein DNA-Abschnitt sehr stark vervielfältigt werden kann. In dieser Arbeit wird der Red load Taq Mastermix/high yield von Jena Biosience GmbH, Jena, DE verwendet. Der Mastermix enthält die Taq-Polymerase, die vier dNTPs, $(NH_4)_2SO_4$, $MgCl_2$, Tween-20, Nonidet P-40, einen roten Farbstoff, Gelladepuffer und Stabilisatoren. Der rote Farbstoff ermöglicht, dass das PCR Reaktionsprodukt sofort aufs Agarosegel aufgetragen werden kann. Der PCR-Mix setzt sich wie folgt zusammen:

PCR-Mix:

- 10 µL 5x Taq Master Mix
- 0,5 µL Upper Primer
- 0,5 µL Lower Primer
- 1 µL Template DNA
- 28 µL H_2O

Die PCR wird in einem Thermozykler durchgeführt. Das Programm der Touchdown-PCR ist das folgende:

Teil 1: 94°C für 2 min, 15 Zyklen: 94°C für 30sec, 56-50°C für 30 sec, 72°C für 2 min.

Teil 2: 20 Zyklen: 94°C für 30 sec, 50°C für 30 sec, 72°C für 2 min, finale Elongation bei 72°C für 30 min und anschließende Lagerung bei 8°C.

5.10 Agarosegelelektrophorese

Zur Visualisierung der PCR-Produkte wird eine Gelelektrophorese durchgeführt. Es werden 10 µL (ca. 2 $\mu g \cdot mL^{-1}$) der PCR-Proben auf ein 2%iges Ethidiumbromid-Gel aufgetragen. Die Sensitivität des Ethidiumbromid-Gel ist 1,5 $ng \cdot mm^{-2}$ (0,2 ng/Bande). Zur Ermittlung der Größe der jeweiligen PCR-Produkte, wird der GeneRuler™ 1 kb DNA Ladder oder ein selbsthergestellter Lambda DNA Pst-verdauter Marker als Längenstandard verwendet. Bei einem Lauf von 25 min bei 75 V wird die DNA in TAE-Laufpuffer im elektrischen Feld durch Wanderung zur positiv geladenen Anode aufgetrennt. Die Banden im Gel können dann durch das UV-aktive Ethidiumbromid an einen UV-Tisch detektiert werden.

5.11 Zusammensetzungen der Nährmedien

Alle Medien werden, wenn nicht anders beschrieben bei 121 °C und 1 bar für 20 min autoklaviert. Nach dem Autoklavieren und Abkühlen wurde dem Medium 50 $\mu g \cdot ml^{-1}$ Kanamycin zugesetzt.
LB-Medium (10 g Trypton, 5 g Hefeextrakt, 10 g NaCl, ad 1 L H_2O (pH 7,4))
LB-Agar (10 g Trypton, 5 g Hefeextrakt, 10 g NaCl, 15 g Agar, ad 1 L H_2O (pH 7,4))

5.12 Ligation

Für die Ligation wird der Vektor und das Insert in einem molaren Verhältnis von 1:2,5 verwendet und der Ligationsansatz besteht aus 0,5 µL PCR-Produkt, 1 µL 10x Ligationspuffer, 2 µL pET SUMO Vektor, 5,5 µL sterilem Wasser und 1 µL T4 DNA Ligase. Die T4 Ligase verknüpft unter ATP-Verbrauch freie 3'-OH-Enden mit 5'-Phosphatresten unter Ausbildung von Phosphodiesterbindungen. Die Ligation erfolgt über Nacht bei 16 °C im Thermozykler.

5.13 Transformation

Nach der Ligation werden 3 µL des Ligationsansatzes für die Hitzeschocktransformation in BL21(DE3) One Shot® Chemically Competent *E. coli* Zellen verwendet. Die Transformation wird nach dem Protokoll des Champion™ pET SUMO Protein Expression System durchgeführt. 100 µL des Transformationansatzes werden auf einer LB-Agarplatte mit 50 $\mu g \cdot mL^{-1}$ Kanamycin ausgestrichen und bei 37 °C im Brutschrank über Nacht inkubiert. Am nächsten Tag werden 10 positive Kolonien gepickt und in jeweils 20 mL LB-Medium mit 50 $\mu g \cdot mL^{-1}$ Kanamycin bei 37 °C, 160 rpm für 8 h angezogen (Transformationskultur).

5.14 Restriktionsenzymverdau

Die Restriktionsenzyme sind Endonukleasen und schneiden doppelsträngige DNA spezifisch an bestimmten Erkennungsstellen, die oft symmetrisch aufgebaut sind und zwischen vier und acht Basen lang ist. Die Enzyme liegen in eine Konzentration von 10 $U \cdot \mu L^{-1}$ vor und für einen sichtbaren Restriktionsenzymverdau im Agarosegel wird 1 µg DNA benötigt. Deshalb wurde die Probe mittels eines Lyophilisators aufkonzentriert.

Der Mix für einen 15 µL Restriktionsansatz ist der folgende: DNA 10 µL, Enzym 1 U, 10x Puffer 1,5 µL und H_2O 2,5 µL. Alle Substanzen werden in ein Reaktionsgefäß pipettiert und bei 37 °C im Trockenschrank für 1 h inkubiert. Die Analyse erfolgt im Agarosegel (s. 5.10).

5.15 Kultivierung

Die Vorkultur bestehend aus 100 mL LB-Medium mit 50 $\mu g \cdot mL^{-1}$ Kanamycin wird mit 10 mL der Transformationskultur angeimpft und über Nacht bei 37 °C und 150 rpm geschüttelt. Die Hauptkultivierung findet in einem 1,5 L Bioreaktor mit Batch-Betriebsweise mit LB-Medium und 50 $\mu g \cdot mL^{-1}$ Kanamycin statt. Der Bioreaktor hat einen Propellerrührer, Luftzufuhr und Gasabfuhr, sowie konnte der Fermenter auf 37 °C bzw. später auf 16 °C temperiert werden. Die Rührgeschwindigkeit beträgt 400 rpm. Die Kultur wird bei 37 °C für 8 h angezogen und die Induktion erfolgt mit 1 mM ITPG bei 16 °C über Nacht. Die Zellen werden am darauf folgenden Tag geerntet und in einer Zentrifuge bei bis zu 12,000 rpm von der Kulturbrühe getrennt. Es entsteht ein Zellpellet, das auf Eis gelagert wird und die Biotrockenmasse des Zellpellets wird bestimmt.

5.16 Zellaufschluss und Proteinaufreinigung

Das Zellpellet wird in 30 mL Lysepuffer resuspendiert. Außerdem wird 50 µL Proteaseinhibitor dazugeben, um die Proteine vor Degradation zu schützen.

Der Zellaufschluss erfolgt in einer French-Press bei 14 000 p.s.i. in zwei Zyklen. Das Lysat wird danach für 30 min bei 4000 rpm und 4 °C zentrifugiert. Anschließend wird der Überstand in 200 mL Lysepuffer aufgenommen und auf Eis gelagert. Das Lysat wird mit 5 mL Kobalt-Polyhistidine Affinitätsharz versetzt und für zwei Stunden auf Eis inkubiert. Nach der Inkubation wird der überstehende Lysepuffer mit einer Pipette abgenommen und das Talon-Harz mit dem restlich verbliebenen Lysepuffer in eine gravity flow Säule gegossen. Die Chromaographie findet bei Raumtemperatur statt. Es erfolgen zwei Waschschritte mit Talonsäulenpuffer A und B. Von Talonsäulenpuffer A wird ein 2x Säulenvolumen benutzt. Der erste Waschschritt entfernt ungebundene Proteine und der zweite Waschschritt mit Talonsäulenpuffer B (2x Säulenvolumen) sorgt durch in ihm enthaltene Magnesiumionen und ATPs dafür, dass das Protein in seiner nativen Form stabilisiert wird. Zuletzt wird mit 1,5 mL Talonsäulenpuffer C das Protein eluiert und auf Eis gelagert.

5.17 Dialyse und Entfernung des SUMO Fusionsproteins

Die Dialyse mit gleichzeitiger Entfernung des SUMO Proteins erfolgt nach der Affinitätschromatographie. Zu der 1,5 mL Probe werden 200 µL 10x SUMO Protease Puffer, 290 µL H_2O und 10 µL SUMO Protease (1 $U \cdot mL^{-1}$) hinzugegeben und in einen Dialyseschlauch überführt. Der Dialysemix wird in 1 L Dialysepuffer über Nacht bei 4 °C inkubiert. Der Dialyseschlauch besteht aus einer Membran mit einem cut-off-Wert von 14 kDa, sodass neben unerwünschten Ionen auch die Imidazolkonzentration reduziert wird.

5.18 Polyacrylamid-Gelelektrophorese

Die Sodiumdodecylsulfat-Polyacrylamidgelelektrophorese (SDS-PAGE) dient zur Auftrennung der Proteine nach ihrem Molekulargewicht zur Überprüfung der Reinheit der Probe oder am Ende einer Proteinreinigung. Die Rezepte zum Gießen des 12 % Trenngel und des 5 % Sammelgel für die SDS-PAGE können dem Teil 5.7 entnommen werden. Nach Auspolymerisieren des Polyacrylamidgels werden die Proben im Verhältnis 1:1 mit vorbereitetem Laemmli-Puffer versetzt und die Denaturierung der Proben für die SDS-PAGE erfolgt im Thermocycler für 5 min bei 95 °C. Jeweils 20 µL Probe und 5 µL Protein Standard werden in die Taschen des Singel Gels pipettiert und die Elektrophorese wird mit 15 mA/Gel gestartet.

5.19 Kolloidale Coomassie-Färbung

Nach der elektrophoretischen Trennung der Proteine werden die SDS Gele coomassiegefärbt. Coomassie-Färbungen sind für den mittleren Nanogrammbereich an Proteinmenge pro Bande (0,1-0,3 µg/Bande) geeignet.

Zur Coomassie-Färbung diente EZBlue™ Gel Staining Reagent (Sigma-Aldrich Corporation, USA). Die Färbelösung ist sofort zu gebrauchen und basiert auf Coomassie Brilliant Blue G-250 Proteinfärbungen. Nach der Gelelektrophorese wird das Gel zwei Mal für 5 min in Wasser gewaschen um das SDS zu entfernen und somit den Hintergrund der Färbung zu verringern. Dann wird die Färbelösung zum Gel gegeben, sodass es vollständig bedeckt ist und für 45-60 min unter leichtem Schütteln (400 rpm) inkubiert. Zur Verbesserung des Kontrasts wird der Hintergrund in bidestilliertes Wasser kom-plett entfärbt.

5.20 Semi-dry Western Blot

Mit dem Western Blot können Proteine, die in einem Gel aufgetrennt wurden, auf eine Membran übertragen werden. Bei der Membran handelt es sich um eine Nitrozellulose oder Polyvinylidenfluorid-Membran (PVDF-Mem-bran). Danach können die einzelnen Proteine spezifisch durch Antikörper identifiziert werden. Durch den Transfer werden die Proteine immobilisiert und für den Antikörper zugänglich gemacht.

Für die Übertragung werden von unten nach oben drei Lagen Filterpapier, die Membran, das Gel und wieder drei Lagen Filterpapier übereinander gelegt, die zuvor in den Transfer-Puffer eingelegt wurden. Der Transfer findet im Naßblotverfahren mittels eines handelsüblichen Semi-Dry Blotters statt. Das elektrische Feld ist dabei senkrecht angelegt und es wird bei 4 mA·cm^2 für 30 min geblottet. Anschließend kann mit einer Lösung aus 0,1 % Ponceau S und 5 % Essigsäure überprüft werden, ob der Transfer erfolgreich war. Dazu wird die Membran in dieser Lösung geschwenkt und sie färbt die positiv geladenen Aminogruppen der Proteine auf der Membran reversibel an. Außerdem dient dieser Schritt gleichzeitig zur Fixierung der Proteine. Die Färbung kann leicht mit Wasser ausgewaschen werden und es folgt die Blotentwicklung nach Tabelle 2.

Tabelle 2: Blotentwicklung.

Schritte		Lösungen	Inkubation
1.	Blockieren	Blotlösung	45-60 min
2.	Antikörper	1. Antikörper anti-His (1:20000) in 10 mL Blotlösung	60 min
3.	Waschen	Blotlösung	3x 5 min
4.	Antikörper	2. Antikörper anti-rabbit (1:20000) konjugiert mit alkalischer Phosphatase in 10 mL Blotlösung	60 min
5.	Waschen	Blotlösung	2x 5 min
6.	Waschen	1x TBS	10 min
7.	Entwicklung	33 µL BCIP + 66 µL NBT + 10 mL Alkalische Phosphatatse Puffer	∞

5.21 Direkt-kompetitiver Verdrängungsassay

Die Hitzeschockproteine werden mit einer Konzentration von 3 mg·mL^{-1}im Storage-Puffer auf die Nitrocellulosemembran des NEXTERION® NC-N16 Coated Slides gespottet. Die Parameter für das Stroboskop sind P. width 50, Voltage 65, Frequence 100 und Delay 250 µs. Mittels der Parameter kann die Dosierung der Tropfen für eine bestimmte Probenkonsitenz ermöglicht werden. Nach dem Spotten trocknen die Proteinmicroarrays für 30 min an der Luft bei Raumtemperatur. Es folgt ein anschließendes Blocken der freien Stellen auf der Nitrocellulosemembran mit 50 mL Storage-Puffer mit 1 % BSA in einer Glasschale bei Raumtemperatur auf einen Schüttler (300 rpm). Danach folgt ein 20-minütiger Waschschritt mit 50 mL Storage-Puffer schüttelnd

(300 rpm) bei Raumtemperatur, der dreimal wiederholt wird. Er dient dazu nicht gebundenes Protein und überschüssiges BSA zu entfernen.

Die Inkubation des Cy3-ATP und der Inhibitoren erfolgt gleichzeitig. Dafür wird ein 50 µL Mix per Pad bestehen aus jeweils 100 nM Cy3-ATP, FPI-Puffer und den jeweiligen potentiellen Inhibitoren in unterschiedlichen Konzentrationen (50 µM, 5 µM, 0,5 µM, 50 nM, 5 nM, 0,5 nM, 50 pM) angesetzt und auf die durch eine Hybridisierungskammer getrennten Pads gegeben. Desweiteren wird eine Negativkontrolle (FPI-Puffer + 100 nM Cy3 ATP) und eine Positivkontrolle (FPI-Puffer) aufgetragen. Die Hybridisierungskammern werden mit einer selbstklebenden Folie abgedeckt und die Inkubation erfolgt in einer dunklen Feuchtkammer bei 4 °C schütteln (300 rpm) über Nacht.

Am nächsten Tag wird jedes Pad dreimal mit 100 µL FPI-Puffer bei 4 °C für 5 min gewaschen und mit Druckluft getrocknet. Anschließend werden die Chips mit dem Axon Scanner GenePix 4000 B mit den folgenden Scannparametern gescannt; Emission: 532 nm, laser power: 33 %, PMTgain: 350 und dem Programm GenePix Pro 6.1. Die entstehenden Bilder werden durch die Programme ImaGene 5, Excel und mit Origin detailliert ausgewertet. Die Bewertung der Verdrängung erfolgt dabei über den IC_{50}-Wert.

Literaturverzeichnis

CHEN, B./ ZHONG, D./ MONTEIRO, A. (2006) Comparative genomics and evolution of the HSP90 family of genes across all kingdoms of organisms. BMC Genomics, 7, 156.

DUNN, B. E./ COHEN H./ BLASER, M. J. (1997) *Helicobacter pylori*. Clinical Microbiology Reviews, 10, 720–41.

EICHNER, S., EICHNER, T., FLOSS, H. G., FOHRER, J., HOFER, E., SASSE, F., ZEILINGER, C., AND KIRSCHNING, A. (2012) Broad substrate specificity of the amide synthase in s. hygroscopicus - new 20-membered macrolactones derived from geldanamycin. Journal of the American Chemical Society, 134, 1673-1679.

HAGN, F./ LAGLEDER, S./ RETZLAFF, M./ ROHRBERG, J./ DEMMER, O./ RICHTER, K., BUCHNER, J./ KESSLER, H. (2011) Structural analysis of the interaction between Hsp90 and the tumor suppressor protein p53. Nature Structural & Molecular Biology, 18, 1086–1093.

HAHN, J.-S. (2009) The Hsp90 chaperone machinery: from structure to drug development. BMB reports, Mini-Reviews.

HARTL, F. U./ BRACHER, A./ HAYER-HARTL, M. (2011) Molecular chaperones in protein folding and proteostasis. Nature, 475, 324–332.

HOMUTH, G./ DOMM, S./ KLEINER, D./ SCHUMANN, W. (2000) Transcriptional analysis of major heat shock genes of *helicobacter pylori*. Journal of Bacteriolgy, 182, 4257–4263.

JAVID, B./ MACARY, P. A./ LEHNER, P. J. (2007) Structure and function: Heat shock proteins and adaptive immunity. The Journal of Immunology, 179, 2035–2040.

KAVERMANN, H. (2002) Identifikation von in vivo essentiellen Genen bei *Helicobacter pylori*. Ph.D. thesis, Fakultät für Biologie, Ludwig-Maximilians-Universität München.

KRUKENBERG, K. A./ STREET, T. O./ LAVERY, L. A./ AGARD, D. A. (2011) Conformational dynamics of the molecular chaperone Hsp90. Quarterly Reviews of Biophysics, 44, 229–255.

LI, Y./ ZHANG T./ SCHWARTZ, S./ SUN, D. (2006) New developments in Hsp90 inhibitors as anti-cancer therapeutics: mechanisms, clinical perspective and more potential. Drug Resistance Updates, 12, 12–27.

McLaughlin, S./ Ventouras, L.-A./ Lobbezoo, B./Jackso, S. E. (2004) Independent ATPase activity of Hsp90 subunits creates a flexible assembly platform. Journal of Molecular Biology, 344, 813–826.

Megraud, F. (1998) Antibiotic resistance in helicobacter pylori infection. British Medical Bulletin, 54, 207–216.

Millson, S./ Chua, C.-S./ Roe, M./ Polier, S./ and et al. (2011) Features of the streptomyces hygroscopicus HtpG reveal how partial geldanamycin resistance can arise with mutation to the ATP binding pocket of a eukaryotic Hsp90. The FASEB Journal, 11, 3828–3837.

Pallavi, R./ Roy, N./ Nageshan, R. K./ Talukdar, P./ and et al. (2010) Heat shock protein 90 as a drug target against protozoan infections: biochemical characterization of HSP90 from *plasmodium falciparum* and *trypanosoma evansi* and evaluation of its inhibitor as a candidate drug. Journal of Biological Chemistry, 285, 37964–37975.

Ratzke, C./ Berkemeier, F./ Hugel, T. (2012) Heat shock protein 90's mechanochemicalcycle is dominated by thermal fluctuations. Proceedings of the National Academy of Sciences, 109, 161–166.

Richter, K./ Haslbeck, M./ Buchner, J. (2010) The heat shock response: life on the verge of death. Molecular Cell, 40, 253–66.

Rutherford, S./ Lindquist, S. (1998) Hsp90 as a capacitor for morphological evolution. Nature, 396, 336–342.

Samant, R. S./ Workman, P. (2012) Choose your protein partners. Nature, 490, 351–352.

Schulz, A./ Schwab, S./ Homuth, G./ Versteeg, S./ Schumann, W. (1997) The htpg gene of bacillus subtilis belongs to class III heat shock genes and is under negative control. Journal of Bacteriology, 179, 3103–3109.

Schumann, W. (1996) Regulation of the heat shock response in *escherichia coli* and *bacillus subtilis*. Journal of Bioscience, 21, 133–148.

Taipale, M./ Jarosz, D./ Lindquist, S. (2010) Hsp90 at the hub of protein homeostasis: emerging mechanistic insights. Nature Reviews - Molecular cell Biology, 11, 515 – 528.

Trepel, J./ Mollapour, M./ Giaccone, G./ Neckers, L. (2010) Targeting the dynamic Hsp90 complex in cancer. Nature Reviews Cancer, 10, 537–549.

Tsutsumia, S./ Mollapoura, M./ Prodromoub, C./ Leec, C.-T./ Panaretoud, B./ Yoshidaa, S./ Mayerc, M. P./ Neckersa, L. M. (2012) Charged linker sequence modulates eukaryotic heat shock protein 90 (Hsp90) chaperone activity. Proceedings of the National Academy of Sciences, 109, 2937–2942.

Wade, M. (2005), Helicobacter pylori – vom Aussterben bedroht?

ZAPF, C./ BLOOM, J./ MCBEAN, J./ ET AL. (2011) Design and SAR of macrocyclic Hsp90 inhibitors with increased metabolic stability and potent cell-proliferation activity. Bioorganic & Medicinal Chemistry Letters, 21, 2278–2282.

ZUEHLKE, A./ JOHNSON, J. L. (2010) Hsp90 and co-chaperones twist the functions of diverse client proteins. Biopolymers, 93, 211–217.

Anhang

Ergänzende Ergebnisse

Es wurde ein Alignment mit dem Sequenzierergebnis des Vorwärtsprimers 5´-A GATTCTTGTACGACGGTATTAG-3') und dem *htpG* Gen aus *H. pylori*, Stamm 210 durchgeführt. Das Ergebnis ist in der folgenden Abbildung 26 dargestellt. Anschließend wurde die DNA Sequenz der N-terminale ATP-Bindedomäne in eine Aminosäurensequenz (translation frame +1) mit dem Programm CLC Sequenz Viewer übersetzt. Aminosäuresequenz der N-terminale ATP-Bindedomäne des experimentell hergestellten HtpG aus *H. pylori*:

```
*DLDMEDNDI IEAHREQIGG MSNQEYTFQT EINQLLDLMI HSLYSNKEIF
LRELISNASD ALDKLNYLML TDEKLKGLNT TPSIHLSFDS QKKTLTIKDN
GIGMDKNDLI EHLGTIAKSG TKSFLSALSG DKKKDSALIG QFGVGFYSAF
MVASKIVVQT KKVNSNQAYA WVSDGKGKFE ISECVKEEQG TEITLFLKDE
DSHFASRWEI DGVVKKYSEH IPFPIFLTYT DTKFEGEGDN QKEIKEEKCE
QINQASALWK MNKSELKDKD YKDFYQSFAH DNSEPLSYIH
```

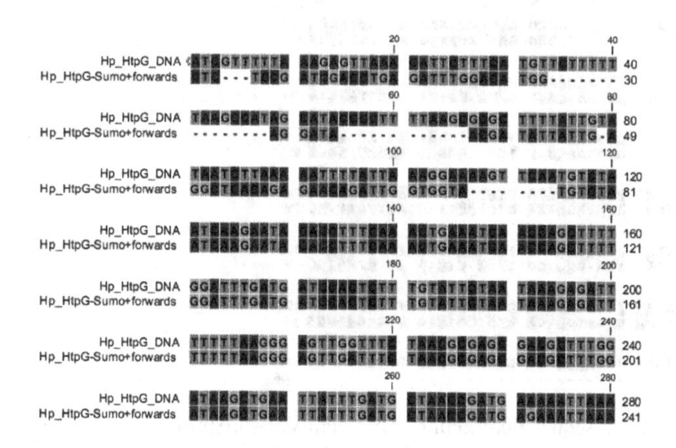

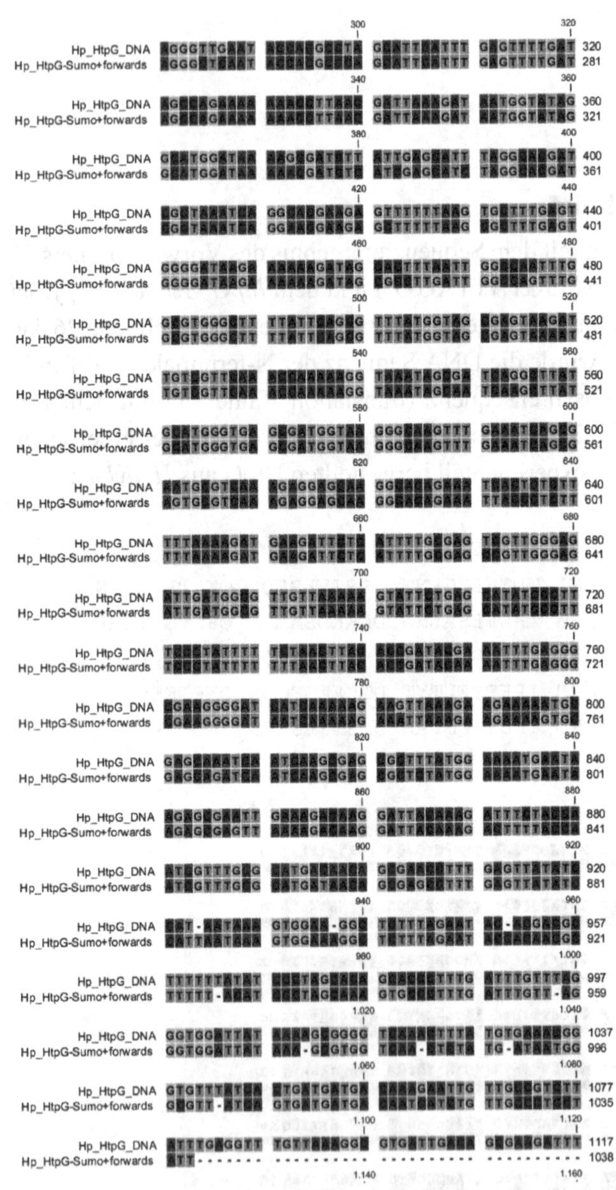

Abbildung 25: Alignment der Sequenzierergebnisse mit dem Vorwärtsprimer (5'AGATT-CTTGTACGACGGTATTAG-3') und dem *htpG* Gen aus *H. pylori*, Stamm 210. Verwendetes Programm: CLC Sequence Viewer.